女人，
就按自己的意愿过一生

莘 子 编著

吉林文史出版社

图书在版编目（CIP）数据

女人，就按自己的意愿过一生 / 莘子编著. -- 长春:
吉林文史出版社, 2020.1（2024.8重印）

ISBN 978-7-5472-6659-5

Ⅰ.①女… Ⅱ.①莘… Ⅲ.①女性－成功心理－通俗
读物 Ⅳ.①B848.4-49

中国版本图书馆CIP数据核字(2019)第238535号

女人，就按自己的意愿过一生
NÜREN，JIUANZIJIDEYIYUANGUOYISHENG

编　　著　莘　子
责任编辑　张雅婷
封面设计　末末美书
出版发行　吉林文史出版社有限责任公司
地　　址　长春市福祉大路5788号
电　　话　0431-81629353
网　　址　www.jlws.com.cn
印　　刷　北京永顺兴望印刷厂
开　　本　880mm×1230mm　1/32
印　　张　4
字　　数　80千
版　　次　2020年1月第1版　2024年8月第2次印刷
定　　价　19.80元
书　　号　ISBN 978-7-5472-6659-5

前 言
\PREFACE\

每个女人都追求幸福、安定的生活，她们需要处理各种各样的人际关系，需要面对生存的压力，她们需要亲情、友情、爱情，她们需要美丽、智慧和修养，女人需要的很多，但怎样才可以将自已希望的一切握在手中呢？

最好的女人是会生活的女人。大多数女人在生活中偏重感情部分，认为感情是生活的全部或者大部分。当然，感情是生命的支撑，但女人也要明白生活还需要理性。与人相处中，理智是同样重要的，而且感情和理性并不冲突，较强的理性只会促进感情和加深感情。

女人要享受每天的生活，不是物质的享受，而是要保持精神的愉悦，将生活的方方面面都处理得好好的，无论在什么情况下都能把生活变得向上和美好。

女人首先要懂得自我管理，能管理好自己的人才能更好地影响和爱护他人。要管理自己的健康、心态情绪、个人习惯、衣着打扮等方面。要让自己保持积极乐观的心态，关注心灵的成长，学着更好地了解自己，不断地自省修正，注重个人形象。

女人都有自己的家庭，懂得持家的女人才能幸福。婚姻是女人生活中最重要的部分，感情需要维护，生活需要经营。归根到底，女人的一切奋斗都是为了家庭。但是女人要有自己的生活，要保持经济上的独立，懂得理财，知道节约，更要有自己的爱好和追求。女人要为自己而活，才能活得真实而精彩！

目 录

\CONTENTS\

第一章

人生从来都靠自己成全

自信的姑娘自带光芒

自信、自尊和清楚地知道自己在生活中想要什么，想从生活中得到什么，这些能助你真正地相信自己。但是即使一个人不知道自己想要什么，他也能做到自信。相信自己不仅仅是知道自己擅长做的一些事，还知道自己有能力面对生活中的一些困难，而且始终都能乐观开朗。如果你觉得这太乐观而不现实，下面教你怎样改变自己的态度。

你不能控制生活

你不能控制生活，但是你能控制自己对生活的态度。以怎样状态去面对生活是自己能够控制的，认识到这一点是相信自己的基石。我们怎样面对好事和坏事其实是一种选择，这就是说你可以选择去面对这些事，将其看成是一种学习的过程，不要让它们打败你。当然，要把消极的心态变成积极的心态并非总是那么容易，诀窍就是你要认识到，你可以而且一定可以熬过去，因为一切事情都会成为过去。

你可以使任何事发生

一个人要为自己所有的行为负责任。生活是一系列的选择，这就是说事情不会一下子就失去控制。如果事情变得很糟糕，这并不是命运所致，这是我们一路上所做的种种决定的结果。这听起来让人沮丧，但是，一旦认识到这一点，你就处在可以改变这一切的优势地位上了。充分相信自己的人是那些勇于承担责任的人。去承担责任吧！这样你就可以牢牢地掌握生命之车的方向盘。

每个人都可以改变

人们总是在改变，这是因为在生活中，事物是发展变化的，人们也不可能不受所发生之事的影响。如果厌倦了此时此刻的生活，你就可以决定去改变你和你的生活，很快你就可以成为一个更好的自己。人们时时刻刻都在这样做：那些为爱而心碎的人又给了爱情一次机会，那些减肥的人从里到外都焕然一新，还有那些经历了严重创伤的人变得更加坚强。如果他们能做到这些，你也可以做到。

期望要现实

相信自己并不是要你什么都相信、不管发生什么事你总是会很开心，那是不可能的。相信自己是你知道自己内心非常坚强，你可以面对生活的方方面面：好的、坏的、幸福的、悲伤的，甚至是会给你造成创伤的事。相信自己能够做出明智的选择；相信自己可以应对上面提到的各种情况。如果你想拥有一个完满的人生，你就必须既要期待一帆风顺的幸福，又要准备面对乌云密布的悲伤。

自己的生活自己主宰

不要再做个怨妇，整天对生活充满着抱怨，要多自省。有句话说得很对：真正爱自己的女人，会坚持自己向往的生活。所以自己的生活自己主宰。好好善待自己，从一点一滴做起，好好倾听自己内心深处的声音。不要再伤害自己的身体和内心。

失去的爱情就不要去留恋，失败的爱情就不要去挽回，感情一旦没有了，就要坚强地面对以后的人生，不要做无能的女人，要有自己的事业和平等的爱情，不要再去苦苦地哀求。人只有靠自己才能快乐，女人只有自立才能拥有幸福。

一边在挫折中受伤，一边学着坚强

我们是在谈论一种坚忍不拔的性情，一种从任何苦难和不幸中迅速恢复过来、坚强活下去的能力。尽管我们不能阻止灾难的发生，但是研究显示，我们处理挫折、从不幸中恢复过来的方式决定了我们的成功水平。爱情让你心碎、事业上停滞不前、被老板解雇，过去的经历不堪回首，如果不能征服这些，你就不够坚忍不拔。用下面这些技巧，直接勇敢地去面对，你不但能够让这些不幸遭遇成为过去，而且还会使自己的心灵转向阳光明媚的未来。

未雨绸缪

灾难发生了：感情决裂了、工作丢了、催账单一个接着一个破门而入。要处理这些问题，很大部分在于你是否知道问题就要来临。如果你已经注意到了一些信号，而且做好了准备，那你就会很快恢复过来。留心观察生活，你不会后悔的。

从经历中学习进步

从挫折中恢复过来的最好方法就是寻找错在哪里。把问题拆开，看看到底发生了什么，你能从中学到什么。这份工作一开始就不适合你吗？那个男人就是和你没有缘分吗？形势一开始就不对，所以才酿成灾难了吗？如果需要重新来一次，你会怎么做？

开始时速度要慢

这不但是为了你以后可能会少犯错误，更是因为问题发生之后，你会很急切地想改变形势。和前男友最好的朋友约会可不是个好主意；仅仅是因为被炒鱿鱼了，就想换一个行业，也不是什么好想法。

记录你的进步

从打击中恢复过来，重新开始生活，有一个好处，那就是，在很短的时间内你可能会有很大的进步。一定要记录下这些进步，因为人们有时候很难看到自己已经走了多远。如果才和某个人分手，记录下你现在的感受和一周之前有什么不同。如果上个星期还负债累累，那么为了改善这种形势，你都做了哪些努力？如果失业了，你已经应聘了多少份工作，或者找了多少份工作？

充分利用自己的长处

列出你所有的长处，那就是：你不是固执，而是不屈不挠；你不是个空想家，而是个乐观主义者。然后看看这些长处能够帮你怎样改善形势。记住：要从灾难中恢复过来，最重要的是你的态度，而不是纯粹的运气。即使是想放弃的时候也要坚持下来，这样才会取得胜利。

凭自己的勇敢，去过想要的生活

胆量很大的女人，难道你不喜欢吗？她们神秘而诱人，说话坚定、俏皮，你从来都不会发现她们从人群中躲开，一个人蜷缩在角落里，为一个没用的男人痛哭流泪。这些女人是真正的勇敢者。你也可以成为她们当中的一员。当然，也许现在一想到对着大庭广众说话，你就畏缩不前，一想到要约一个风流倜傥的男人出去，你就感到难为情，想退缩。然而，在你内心的某个地方，一个勇敢的女性正呼之欲出。拥抱她，因为这个年代哭哭啼啼已经没有任何好处了。所以，如果你已经厌倦了被忽视，厌倦了被朋友、同事，甚至是你不认识的人使唤，那就站起来勇敢地维护自己的利益。

没有人是天生的自信者

即使是最有胆量的女性，也是通过锻炼自己勇敢的一面，通过教自己大声地、大胆地说出自己的想法，才成为一个有胆量的女性的。幸运的是，要成为勇敢者的最佳办法就是行动勇敢，这就是说，假装勇敢而使自己真正勇敢起来。无所畏惧地行动，人们就会认为你真的是一个无所畏惧的人，而后，你也会有这种感觉。要帮助自己成为勇敢者，一开始要一小步一小步地来，毕竟，从害怕对着大庭广众说话，到一下子大胆地对着300个人说话，是一件非常困难的事，关键是要一步一步地来。如果你讨厌大声地说出自己的想法，那就每天都促使自己克服这个局限：开会时大声地说话，谈话时不同意对方观点的时候就打断对方，使自己习惯于大家的目光，习惯于在日常活动中表达自己，最终你的恐惧会慢慢消退。

感到恐惧就做深呼吸

要做到大胆勇敢是一件困难的工作，这一部分是因为大胆勇敢本身是需要勇气的事。当你感到害怕的时候，肾上腺素就会流到静脉中。要解决这个问题，诀窍就是打消撤退的念头或者加快说话速度的冲动。学会把自己的说话速度与谈话对方的说话速度相匹配，身体稍微向他们倾斜，通过正确呼吸以保持声音稳定沉着（呼吸太短促，嗓音就会发颤），这些都能够显示你的勇气。

控制自己的声音

大胆勇敢不但是指说话的内容，而且还指说话的语调和用词。努力不要在每句话结束的时候用升调（这听起来你好像需要对方不断地认可，明显地显示你缺少胆量）。相反，每句话结束的时候，把语调降低，因为这听起来更有权威，还有，想说什么就要直截了当。最后，在做这些的时候，记得要打起精神。站起来和微笑都能够帮你打起精神，因为这样能够提高你的热情，让你觉得一切都准备妥当了。

恰如其分的自尊，是你的底线，也是骄傲

感觉自己什么事都做不好，没有吸引力，太胖了或者太瘦了（即使别人都不这么认为），你认识的人都比你聪明、机智，都比你有魅力？果真如此，那你就是自尊心太弱了。这听起来像是医生说的行话，但现实是对自己评价过低会让你的生命失去许多精彩，会让你沮丧。自尊心本质上是你在内心深处怎样看待自己，对自己说什么，怎样尊重自己，你会做什么来满足自己的需要。

教会自己拥有良好的自我感觉

要做到这一点，最好的办法就是和具有良好自尊心的人多多接触。他们是对自己、对自己的生活都感觉良好的人。他们不会小看自己，但同时，他们也不会到处宣扬自己才华横溢、很了不起。要找到自尊心强的人，可以观察那些既会支持别人，但同时又有信心寻求帮助、咨询别人建议的人。

使头脑中批判的声音平静下去

建立自尊心的窍门就是停止倾听内心深处对自己的批判之声。相反，要用一种更加支持自己的声音来取代这种批判之声。具体的做法就是质问自己：你怎么知道自己就做不了？你为什么要保护自己？最糟糕的情况能有多糟呢？对于这个问题你真正担

心的是什么呢？

创造有意义的生活

如果能找到自己在生活中的定位，能积极地欣赏自己的成就，自然就会感觉良好。觉得自己能够胜任一些事情，这种胜任感就能够增强自尊心。所以要学会信任自己的决定，不要为本该怎样做，但是又没有那样做的一些事而烦恼。

与人为善，与己为善

学会与人为善，在自己内心深处与己为善，这会慢慢地变成你的第二天性。此外，与人为善比总是恶言相向要容易得多。另外，与人为善还有一种后续效应，那就是它不但能增强自尊心，而且还能激活脑细胞，使你更加快乐。毕竟，积极思考的时候，是很难感到痛苦的。

你要活成自己想要的样子

你热爱生活吗？生活中有这么多快乐的机会、成功的机会、爱的机会！如果这不是你现在生活状态的反映，不要沮丧。如果你感到生活让你不知所措，下面教你怎样得到你想要的生活：

打开思路

把所有让你快乐的事都列出来。想一想你做过的所有事情，取得的成就、经历过的事，甚至是回想儿童时代，把曾经令你开心的事都加上。这样做的意义就在于提醒你，哪些方面的事让你有满足感（在你感到抑郁的时候，很容易就忘了什么是满足感），或者在于帮助你弄清楚，你的生活该向哪个方向前进。

要有策略

下一步要做的就是制订一个优先策略清单，这样你就能清楚地知道，哪些因素对你最重要。这些因素可以是：爱情、金钱、事业、娱乐或旅游。不管什么因素，只要你觉得合适就行。接下来，把每一个目标都分割成现实可行的步骤，这样你就可以立刻行动起来。

寻找一个指导者

这个人已经达到了你想要到达的境界（或者至少已经在那个圈子里了），而且他是你实现人生目标的关键人物。除了向你证实你的人生目标是可以实现的之外，你从这个人身上可以学到很多东西，因为他已经过上了你想要的生活。

挑战自己

当你整天舒舒服服、无所事事的时候，生活就会变得很无聊，不管这是一份报酬丰厚但对你已经没有吸引力的工作，还是一份容易处理但已经激不起你热情的爱情。记住：要得到想要的生活，既需要不确定因素，也需要确定因素。一种因素太多，或者另一种因素太少，那生活要么很无聊，要么太有压力。

敢冒风险

要采取行动。有时候，如果不采取行动，只谈论和规划根本就不会给你带来任何成果。不要太担心决定是对还是错，只要行动就行了。因为这是最艰难的一步，但这也是最重要的一步。

不要让懒惰，成为你前进的阻碍

要改变懒惰，请参考下面这些：

改变饮食

人们一回家就奔向沙发寻求舒适，而且发现自己再也没有精力做更多积极的事了，这主要是因为精力不足，身体疲惫。要解决这个问题，答案就在于多吃水果、蔬菜、全麦面包、瘦肉、鱼类，少吃垃圾食品和现成的多糖食品。

多参加体育锻炼

如果你是一个讨厌体育课的人，很可能你认为体育锻炼是那些精力旺盛的人才去做的事。但是，健身，或者至少努力去健身，是改变懒散最为快捷的方法。

更幸运的是，体育锻炼是可以累积的。在家的时候（早晨和晚上）每小时做10分钟的运动，等到一天结束的时候，你就积累了差不多的运动量了。

改变行为

懒散的人有个本质的习惯，那就是他们有能力让其他人积极地为自己干活，而勤快的人是没有这种习惯的。这就意味着改变懒散形象最为快捷、最让人快乐的办法就是，积极地行动起来，做一些事情。

整理房间，同时整理自己的生活

你的生活一团糟吗？你是一个懒得收拾屋子的女人吗？现在，大多数人的房子里都堆满了乱七八糟的东西——各种小器具小玩意，各种不穿的衣服……以至于大多数人宁愿搬家也不愿意收拾屋子。除了屋子里可爱的装饰品，屋子里其他的各种垃圾处理掉，还可以给自己多一些活动空间。下面教你怎样使自己的家变得井然有序：

诚实面对

你的屋子乱七八糟是因为你很邋遢。你自己也许看起来很干净整洁，你也知道什么是真空吸尘器，但如果你住的地方看起来像被抢劫了一样，那仅仅是因为你没有收拾好。屋子里一片混乱不仅仅只是一堆乱七八糟的东西，更重要的是它显示有东西打败了你。这就是生活杂乱无章、作风懒散的直接结果。

看看你在处理什么

开始行动的时候，一次只收拾一间屋子，而且要保持那间屋子干净整洁。这样你就不会再想乱扔东西了。在装东西的四个大袋子上贴上标签：扔掉、留着、送人、储藏起来。

不要多愁善感

扔掉或者送掉不会再读的书、只看过一次的假日图片（如果它们不是在纪念册里，你怎么都不会看）、空的塑料包和购物袋、一个月以上的杂志和报纸。如果犹豫不决，问问自己为什么要留着它们。如果没有两个好理由，就扔掉它们。

找个朋友帮忙整理衣服

我们大多数人的衣服都太多了，这是因为我们平时爱乱花钱买衣服，废旧的衣服又不想扔掉。要成功地收拾好衣柜，你需要一个好朋友的帮助。把所有的衣服都拿出来，扔掉所有两年都没有穿过的衣服。太小了、太大了、太过时了、太难看了和根本就没有穿过的衣服，都应该归为要扔掉的一类。

扔掉装杂物的袋子

你已经把屋子清理干净了，现在给自己定一个最后日期，在那天来临之前处理掉所有的杂物袋。你要坚持每天都把当天的杂物清理干净。专门辟出一块地方堆杂物会很有帮助，例如一张桌子。杂物可以轻易地堆上去，也可以轻易地清理掉。要严格一点儿，杂物只堆放到这里，而且要定期清理。

生活中不止有爱情，友情同样值得

每个人都认为自己够资格成为别人的好朋友。与大众观念相反的是，好朋友不只是黏在一起说说笑笑。如果不断地有朋友离开你，不断地发现自己有未接电话，不断地被朋友指责说你只可同甘不能共苦，那么你就该尝试反省一下自己对待朋友的态度了。

抽出一些时间给朋友

重要的欢快时光你总是在场，如：生日聚会、酒会、各种节日。但是在朋友情绪低落，需要一个可以依靠的肩膀的时候，你在哪里呢？自己的生活太忙了，连抽出10分钟的时间去安慰一下他们都不行吗？果真如此，那你就真的要记住这样一句话了：

“抽出一些时间给朋友。”这句话不但是指在朋友一切顺利的时候要抽出时间给他们，更是指在朋友遇到困难的时候，要抽出时间与他们分担忧愁。尽管你不需要一天有24个小时都在电话中陪他们谈心，但作为好朋友，在朋友有困难的时候，一定要放下自己所有的事。在朋友有喜事的时候，要放下自己大多数的事。如果总是让朋友感到他们好像是被你塞进繁忙日程安排的夹缝里，只会让朋友慢慢地离开你。

不要说朋友的闲言碎语

显然，每个人在得知一条有点儿刺激的新闻时都很想说几句。这时需要考虑的是：这到底是关于谁的新闻？更要思考的是：如果别人说你的闲话，你是什么感受？要阻止别人说你的闲话，那就不要说别人的闲话。如果听到“不要告诉任何人，但是……”从你的嘴中冒出来，赶紧打住，因为你正要背叛一份信任。

不要成为抱怨王后

和朋友熟悉不会滋生鄙视，但是会滋生坏习惯，其中最常见的就是经常抱怨。尽管朋友想和你同甘共苦，但你不停地哀怨、散发悲观的言论，会让人很难和你待在一起。审查一下自己的行为，不要让自己成为那个总是造成怀疑因素的人，从而使友谊濒临末日。你不会觉得有趣的事情，你的朋友当然也不会觉得有趣。

避免在背后抱怨别人

要提醒自己，朋友其实是你生命的影子，如果不喜欢他们，甚至不断地抱怨他们，那你就需要问自己，你们为什么是朋友。当然，每个人都有一两处让人抱怨的地方，但是一定要确保快乐的时间长于不快乐的时间，否则的话，无论如何也要结束这段友谊。

做一些不需要理由的温馨之事

寄一张卡片、买一件有趣的小礼物、买条三角帆船、从书上剪下一个相关的剪辑寄给他们，所有这些小东西再加上其他一些细枝末节，会让朋友认识到对你来说他们很特别。你不需要有很多的钱，不需要做夸张的手势，不需要歃血为盟，以显示你们是朋友。你所要做的就是表达一些感激之情，花点儿时间向他们透露他们对你来说有多么重要。

交朋友也要“求同存异”

有时候，这个世界上你最喜欢的两个人不但彼此讨厌对方，而且还对你毫不隐瞒这个事实，这真是命运残酷的捉弄。如果在聚会上这两个朋友闹翻了才更是麻烦。

向他们保证他们都是你的好朋友

你的两个合不来的朋友会因为领土问题而截然对立，这个领土就是你。这是因为大多数朋友不但害怕失去朋友，而且当他们要去见朋友的“好”朋友的时候，会觉得自己可有可无。要打消这种会造成无数问题的不安全感，你要向他们保证，你的心里有足够的空间去容纳每个人，每一周都有足够的时间给他们。

强调共同点

要使朋友融洽相处，你要让他们知道，除了你之外，他们之间还有许多共同点。这就是说当你们三个人在一起的时候，你自动退出。不要说“某某和我一起去了这个艺术展，你也会喜欢这个展览的”，而要说“你喜欢的那位艺术家，某某确实也喜欢”，等等，然后让他们两个单独讨论。共同点可以是任何事，所以你只要丢下几句相关的话，然后离开，让他们去讨论就行了。

不要火上浇油

有时候，朋友之间相处得不融洽可能会让你感到很得意，因为你窃喜他们仍然最喜欢你。如果是这种情况，要么不要让他们彼此认识，要么你就不要玩这种幼稚的游戏了，尽力让他们成为好朋友。这就是说不要在背后瞎搅和，不要打听你不在的时候他们之间发生了什么事。

遇到危机时让他们两个都帮忙

更好的办法是，要他们两个为了你而合作。危机更有可能让他们停止对立，努力适应对方。此外，既然你已经使自己成为了他们两人之间的共同点，他们就有了一个焦点提醒他们和你之间的联系。如果这管用，那就是时候让他们为了你而好好相处。

如果他们不喜欢彼此

有时候你尝试了上面所说的每一条诀窍，但是无论如何都不能让他们两个人成为朋友。如果情况就是如此，那就不要充当中间调解人了。一切都顺其自然，也不要避免邀请他们两个人去相同的地方。每个人都够聪明、够成熟，能够应付自己不喜欢的人。如果你认为他们有问题，而且总是小心翼翼地行事，他们之间就真的会有问题。记住：并不是每个人你都喜欢，他们也不需要喜欢每个人。

你的社交圈，由你来主导

大多数人都渴望扩展生活圈，认识一些新朋友，以帮助他们打开新的世界。

以前在学校的操场上你可以直接走到一个人的面前，要他做你最好的朋友，或者假想他会成为你最好的朋友，因为你邀请他去参加你的生日聚会了。当然，这样的日子早已一去不复返了。现在，交朋友需要付出努力，并且还要看性格是否合得来。但是朋友还是可以交上的，下面教你怎样做：

像单身一样

这是说交朋友就和找新男朋友一样。想一想你经常去的地方，那儿有吸引你注意的人吗？他们看起来像是你要交往的朋友的类型吗？如果是，就主动和他们搭话，看看有没有用。下一步是，接受所有聚会的邀请，因为那是认识合得来的新人的理想场所。更好的办法是，看看朋友的朋友里面是否有合适的新朋友人选。

抓住每一个可以交朋友的机会

想一想你现在拥有的朋友，你们是怎么认识的。都是在学校和工作时认识的吗？可能不是，也有可能是在其他相当奇怪的地方。交朋友的关键是不管在什么地方都乐意和新遇见的人交往：公共汽车上、咖啡店、饭店，甚至是在排队的时候。

考虑一下为什么想交新朋友，并据此寻找

知道自己为什么想交新朋友可以帮助你弄清楚上哪儿去找他们。你是要找几个单身朋友一起出去游山玩水吗？那就问问已婚的朋友，看他们是否认识这样的人。

经营新友谊

最后，记住新的友谊是需要经营、需要付出努力的。这就是说你也许要花几个星期的时间去约他们出来。如果你坚信你和这个人一定很合得来，就不要为这样做而感到不好意思。这是在讨人喜欢，而且大多数人都会欣然接受这个可以更好了解你的机会。

第二章

你说的话就是你的格局

多分享自身快乐，少谈论他人是非

生活充满了各种让人批判的事。但是，对别人的批判，特别是恶意的没有建设性的批判，恰恰反映了我们自己缺乏安全感。在你攻击别人，说他们毁了爱情、饮食很不合理的时候，实际上你是在放任自己，对自己在这些方面的选择沾沾自喜，不管他们的这些选择让你多么不开心，不管你暗自觉得他们的这些选择如何错误百出。同样道理，抨击别人的错误、弱点和缺点，仅仅是我们在自己把事情弄得一团糟的时候，自我安慰的一种方式罢了，安慰自己总是有人会比我们更糟糕。

我们为什么喜欢批判别人

研究显示，一个人越是对自己的生活和决策摇摆不定，就越有可能去批判别人。这就是说，如果你批判成性，很可能你对自己的决定和选择也同样苛刻。因此，改掉爱批判的办法简单得不能再简单了，那就是给他人和你自己一个休息的机会。如果别人和你的道路不同，做出的决定不合你意，这又怎么样呢？这对你的生活造成了什么实质性的影响了吗？

没有人喜欢恶毒的人

尽管在我们生活的这个世界里，成功是通过比较来衡量的，如我们办事是多么迅速、我们是多么聪明，和别人相比我们是多么魅力四射，但是，总是会有人各方面都在我们之上，也总是会有人各方面都在我们之下。这就意味着，任何批判都是浪费时间。与其为别人的选择而心烦意乱，不如顺其自然，好好地过自己的生活。

说话有技巧，有效沟通最重要

聊天是闲谈，是转瞬即忘的谈话，或时间填充物。闲谈并不像大多数人想象的那样简单。谈得对了，一次关于清扫厨房的谈话也可以非常轻松有趣；谈得不对了，犯了错误自己都不知道。想成为闲谈王后吗？下面教你怎样做：

具体谈什么并不重要

闲谈主要看你能否把话题谈得有趣。一般而言，最常见的闲谈话题是天气。如果需要的话，大多数人会很高兴地对天气谈论几个小时：今年雨水可真多呀，没几个晴朗的日子呀，天空总是灰蒙蒙的呀。但是，如果气候变化不是你所关心的事，那就选择其他任何有内容可谈的话题，如："我讨厌做家务，但是你不认为这块肥皂清洁效果一定很不错吗？比如用它来清除螨虫。"给和你一起聊天的人一个机会，让他有机会对打扫卫生、过敏症，或者女主人的持家技巧发表观点。

不要问私人问题

除了别人的姓名，闲谈的目的不是为了发现什么，因为这不是为了增进感情或者建立友谊。开始闲谈的时候，你可能就已经知道这辈子很可能不会遇到这个人了。他们不会去参加你的婚礼，你认识的人也都不认识他们，而他们实际上又很没趣，那还为什么和他们闲聊呢？其实，除了礼貌之外，闲谈的意义就在于打发时间，而且还可能很愉快地度过这一段时间。

不要发表演讲

独白不是闲谈。如果他对你的话题不能发表任何意见，则说明他对你所说的内容并不感兴趣，如：你对国际形势的看法，你为什么会成为一名会计，你的三只小猫都叫什么名字等。闲扯几句来愉悦彼此吧。闲谈的话题包括电视、你们周围的环境、最近看的电影、你们其中一个戴的首饰，甚至是你们怎么攀谈起来的。闲谈不需要努力，不需要争论，更不需要消耗能量，如果闲谈需要这些，那你们就不是在闲谈了。

有疑问时

有疑问时，只要采访一下与你谈话的人就行了。想象一下自己是名记者，问一下：地点、事件、人物、怎么样。人们一般最喜欢谈论自己，所以对方不但会非常乐意和你聊，而且你还有机会让对方觉得你很有兴趣和他聊，也让周围的人觉得你很有趣。但是，如果你遇到的人只知道：哦，嗯……那你也只能这样对他。

应付得了他人的无理，才有自己的体面

这个世界充满了粗鲁无礼的人。审视你的饭店服务员、在大街上找你搭话的人、偷偷占你停车位子的人、不愿帮忙的商店服务员等。这非常令人丧气，因为这让我们觉得自己微不足道，让我们不开心，让我们觉得无缘无故地受到了别人的轻视。如果你总是想“我是个好人，我不应该受到这样的待遇”，就该知道怎样对付世界上最粗鲁无礼的人。

不要认为别人是在针对你

这些人可能正好赶上心情不好，或者刚刚失恋，甚至有可能是荷尔蒙的作用。不管他们的借口是什么，你要知道他们不是在对你进行个人攻击。但是，这并不意味着你就要接受别人的无礼、原谅他们，或者忽视这种无礼。要让这样的事过去，你需要立刻采取行动，最好的办法是说："对不起，但是你很无礼。"然后严厉地看着他们（不是咄咄逼人地看）。

清楚自己想要什么

清楚自己想要什么能帮助你了解怎样纠正这种情形才会对你有利。你是想要别人向你道歉？要得到补偿？还是只想要别人承认这种行为是不对的？在大多数情况下，人们会受到震惊并立刻道歉（或者惊得一言不发）。

如果得不到想要的反应，那就要求见一个职位高一些的人或者要客户服务的电话号码。一定要清楚明白所发生的事，一定要知道怎样做对你会好一些。

明智地选择离开

有些人的粗鲁无礼行为不值得你单独去处理，这些人包括喝醉酒的人、在路上超你车的人，以及那些显然是患有精神疾病的人。这些都可能造成比感情受伤害更加严重的后果，所以最好的选择就是深深地呼一口气，安静离开。

不要总是提及不愉快的时刻

你想告诉朋友那愤怒的时刻，但是如果一天重复说上十次，那你就是在一次又一次地重新体验那种挫败和不快了。那个粗鲁无礼的人恐怕已经忘了他所说的话或者所做的事，那你为什么还在这件事上花更多的时间和精力呢？

尝试维护自己的权利

这不但是指有人对你无礼的时候要维护自己的权利，而且在日常生活中也要这样。有人对你不重视的时候、把你关在门外的时候、插队的时候，或者你已经说“不”了，他还是努力让你说“是”的时候。面对那些不那么让人感到舒服的情形时，要是能取得一些小小的成功，这就能够帮助你勇敢自信地处理更严重更容易让人受到伤害的情形。

人生不是辩论赛，不要争一时输赢

有效地赢得争论是一门艺术。赢得争论与大叫大嚷、反应敏捷没有多大关系。事实上，赢得争论除了要注意所说的内容之外，还需要很多其他技巧（肢体语言、眼神交流、语调）。让对手充满歉意，认为你是对的，甚至同意你的观点，你需要知道下面这些事项：

自信是关键

自信就是对自己的所作所为充满信心。这并不是要你沾沾自喜、盛气凌人或消极抵抗，而是要你抓住机会利用对你有利的肢体语言。你的外在表现和说话方式都要显示出你知道自己在说什么，这样，人们很快就会被你折服。充满自信的肢体语言是这样的：姿势优雅，说话时双肩自然放平，挺胸收腹，进行眼神交流时双臂轻松自然地放在身体的两侧。说话时语速和语音都要均匀，这样你的语气就会充满自信，同时还要确保每句话结束时语调不上升（语调上升会清楚地显示出你对自己所说的没有信心）。

保持镇静

失去控制、勃然大怒会让你有输掉争论的危险。争论时声音过大、太过盛气凌人，对方很快就会认为你错了，所以任何时候都要想着保持镇静。如果你是个很容易发脾气的人，说话前先有规律地深呼吸，再从一数到十。这能让你的大脑有时间休息和思考，从而想出最好的论据。要使他人镇静下来，就要努力将自己的声音和他人的声音相匹配。如果他们语速过快，你就比他们说得稍微慢一些。做到声音相匹配能迅速地起到镇静作用，而且能让谈话对方认为你同意他的观点。

要有策略

不管争论什么，都应制定一个策略，知道从何而来又要走向何方，这样做总是会有所回报的。当争论进行得太激烈的时候、当你感到在争论中迷失方向的时候，策略就会有所帮助。策略中四个关键的组成部分是：知道自己的观点、坚持自己的观点、不要把问题弄混了、知道自己想要什么。弄混上面任何一部分，就有可能在结束争论的时候不但感到不满，而且还不明白你们一直在争论什么。

不要惊慌

看清事情的来龙去脉，你就会牢牢地控制住争论的主动权。如果你正在为小事与人争论得面红耳赤，那就要弄清楚你到底要争论什么。是一些你害怕去面对的更大的事，还是你感到坚持真理比保持良好的人际关系更重要（不论是同事关系、爱人关系、朋友关系还是家人关系）？如果在争论中取胜是你唯一的目的，千万不要让肾上腺素置你于恐慌中。如果这些策略都不管用，就体面地退出争论，这也许会让你在争论中失败，但这会让你保持尊严。

恰到好处的赞美，好过千篇一律的恭维

能够接受称赞是良好自尊心的基石。如果你轻易地就将别人的好意称赞扔到一边，因为你认为人们只是想表现得“和善”点儿。当你把别人对你的称赞顶回去的时候，你是在对他们说：我不相信你的动机；我认为我没有那么好；我想你是在对我说谎。下面教你怎样改变这种观点：

找到合适的回答

大多数人不喜欢被别人称赞，是因为被人称赞时不知道该说什么。他们担心如果接受称赞就会显得骄傲自大，所以干脆选择不理会别人的称赞。其实，对于别人的称赞，只要微笑着说声“谢谢”就行了。你不需要回敬对方一个称赞，不需要解释你为什么同意他们对你的称赞，更不需要刻意地表现得很谦虚，以向他们展示你并不自高自大。同样也要记住，除了“谢谢”之外的任何话都会让称赞你的人感到不舒服，他们只是说了些赞赏你的话而已，为什么要让他们感到不舒服呢？

经常称赞别人

善于接受别人称赞的人同样也会经常称赞别人。这是因为他们很自信，有很好的自我评价，能认识到夸奖自己喜欢的人会让他很开心。如果感到有话要说，但只在心里想想，又有什么意

义呢？如果不能将称赞说出口，那就要看看是什么让你保持缄默了。

审视那些不能接受的称赞

这些称赞涉及的可能是你最没有信心的地方。如果别人夸奖说你身材很棒，你就认为他们实际上是在说“你很胖”，或者，他们夸你漂亮，你就认为这是相对于“丑人”来说就算漂亮了，这时你需要提高自我评价了。能够承认自己很迷人、聪明、风趣就意味着你能接受上面提到的所有称赞，甚至更多。这和自高自大没有关系，但是，这在很大程度上能反映你是否天生就很自信。

相信朋友和家人

有一种观点认为朋友和家人不会告诉你真话，所以他们的称赞和夸奖不能当真。事实是：如果有人对你说真话，那肯定是家人和朋友，所以要相信他们对你的夸奖！如果你还是怀疑，那就想想在他们消沉沮丧、需要别人打气的时候，你是怎么做的。你是对他们撒谎呢，还是将你切身体会到的他们的优点告诉他们？

会说话是教养，少说话是修养

认为自己善于倾听类似于认为自己很有风格。每个人都以为自己善于倾听，但不是每个人都能做到。事实上，有些人根本就不会倾听，但具有讽刺意味的是，他们觉得自己是“优秀的”倾听者。他们要么容易走神，要么根本就不习惯于长时间集中注意力，所以经常听着听着就不知所云了。当然，真正不善于倾听的人，在听完第二句话之后就神游到其他地方去了，而且通常你还没有讲到要点。这让你带着责怪的口气问“你在听吗”？他们又会十分肯定地说他们在听。厌烦了自己总是遗漏别人说话的要点了吗？厌烦了倾诉时别人总是不听吗？下面教你怎样改进倾听技巧：

抓住要点

如果想让别人听你说话，就要多讲事实，少说细节。谈话要言简意赅，好让别人明白你的观点。如果要告诉别人你在上班路上遇到堵车了，怎样进不能进，退不能退，就不要告诉他们你早饭吃了什么，他们没有必要知道这个。谈话总是要以要点开始，然后再从头说起，抓住他们的注意力，别让他们走神。

聆听和说话的时间要差不多

你可能就是这样做的，也可能不是这样做的。如果不相信我，就拿出手表，测一测你能在多长时间内保持倾听，不打断别人的谈话。如果真的几乎什么都不说，那就完全可以对你的聆听技巧充满自信。谈话的时候适时打断别人的谈话，要他们抓住要点，还可以重复他们最后说的话，这能帮他们记起一直在说什么。

锻炼全神贯注地聆听

只是静静地聆听别人说话，当感到自己走神的时候，就有意地把自己拉回到当前，深呼吸，点点头，或者发出一些声音，这样做的目的是强调你在听，但不需要你说什么。这是一项非常关键的聆听技巧，需要帮助的朋友通常只是想说说话，而不是要你采取什么实际行动。

不要把谈话拉到自己身上

这是大多数人听别人说话时最容易犯的错误。你不需要说任何虽然有些帮助但完全遥不可及的事；不需要谈论自己；不需要在别人停下来喘口气的时候插话；不需要因为感到无聊了就打哈欠。最后，如果那个人说了几个小时了，你确实认真听了，但又确实任何有意思的事也没有听到，你完全有权利走开。

第三章

管理好了情绪，你就管好了整个世界

接受自己的性格，才能更好地前行

这一节不是教你怎样迷住别人，让他们服从你的意志，或者让他们签字把钱和资产全都移交给你。而是教你怎样通过影响别人得到自己想要的东西，怎样最好地利用自己的性格特征和技巧。

说话要有权威性

如果说话时能对自己所说的内容显得很有把握，你会非常惊讶，自己竟然能够从中得到那么多。这不是要你虚张声势以得到自己想要的东西，而是要你争取一个机会，让别人听一听你真实的想法。花一天时间去听一听善于说服别人的人是怎么说话的，看看他们用了什么样的技巧来让你相信他们。他们是这样的一些人：说话的时候没有不停地寻求认同，却很有力度，其他人愿意听他们说的话，更愿意相信他们。

要温柔和善

人都喜欢有亲和力的人。温柔和善使人信任你，找出与你的共同点，并且想和你建立亲善关系。因为亲善就意味着你不但已经说服了某人，让他相信你们两个人想法一致，而且还将彼此的最佳利益放在心上。当然，这不止是做个老好人，更重要的是肢体语言和说话的声音。通过模仿他们的说话方式和语言使用方式让他们觉得你们之间有共同点（不要做得太明显），这样他们就会在感情上和你联系在一起，但却不知道是为什么。

唤起感情

你或许会认为说服别人做某事凭借的完全是理由充分、证据确凿。但是研究显示，大多数人的决定都是建立在感情的基础上的。如果想要某人喜欢你，听你的话，站在你这一边，就要动之以情。如果能让他们把你与美好的感情联系在一起，他们就会感觉与你更亲近。要做到这一点，一种办法就是让他们谈论开心的事，或者更好的办法就是让他们大笑起来，让他们感觉开心、放松。试着夸奖他们，但是一定要诚实，一旦他们认为你在骗他们，你就会失去他们。要风趣，最好是给他们留下一些开心的记忆，这样他们就会把你与生命中幸福的事联系在一起。

让人们感到自己很特别

大多数人在生活中都会感到不受重视，没有人倾听自己的心声。如果你能让某人既觉得受你重视，又觉得你愿意倾听他的心声，那他不但会想一辈子都与你联系在一起，而且还会相信你。要做到这一点其实很简单：让他们知道你听到了他们在说什么；记住一些关于他们个人的事，这样他们会感到你在乎他们；最后，不要利用他们。做到了这些，你就已经让他们成了为你的朋友了。

你不是社交恐惧，只是没找到自己的社交圈

如果你是个害羞的人，许多事都会让你感到害怕：单独走进一间有很多人的屋子，和一个陌生人打电话，甚至是在聚会上开始和别人闲聊。害羞有时会让人觉得是一种折磨。如果不能战胜害羞，它就会影响你生活中的每一件事，从事业到爱情。下面教你怎样一步一步战胜害羞：

把注意力集中在外部事物上

害羞是自我意识的一种形式，与自我评价过低有关。这基本上就是说当你遇到一个陌生人的时候，甚至是走进一家商店的时候，你就会有种胆怯的感觉，不知道该说些什么，而且立刻就认

为每个人都觉得你很糟糕。如果想克服害羞，第一步要做的就是将这种焦点从你的身上转移出去，转移到正在观察的事物上面。把注意力集中到外部事物上，而不是自己身上，不要说："天啊！这个人会怎样看我呢？"而要对自己说："这个人看起来挺好的，我想知道关于他的一些什么呢？"

大声说出来

害羞经常会被误认为是不友好的，所以如果感到胆怯，那就用微笑去面对，这比你想象的要有用的多。下一步要做的就是把要说的话说出来。一步一步地来，一开始可以去商店买东西，开会时说点儿什么，聚会时主动把自己介绍给别人。记住：没有人会期望你有趣、聪明，或者非常尖利，你只要表现得友好和善就行了。

离开自己的舒适空间

你的生活也许很舒适，很有安全感。你了解你的朋友们，对自己的工作也很满意。但是，要战胜害羞就要经常拓展自己的世界。每天都做一些让自己觉得害怕的事情，即使只是在星期一和快递员说几句话，在星期二表达一下自己的观点。这样一步一步地让自己勇敢起来，不但能减轻害羞感，而且还能帮你认识到，现实并没有你想象的那么恐怖。

害羞是自己造成的

尽管并不是每个人天生都很外向，但害羞是自己造成的，这就意味着我们能够改掉我们的害羞。想一想你从害羞中都得到了什么。你总是害羞吗？害羞让你觉得安全吗？你拿害羞当作不去尝试的借口吗？

一定要改变这一切，想一想总是害羞的后果，想一想那些因为害羞而不会发生在你生活中的事，想一想那些因为害羞而使你不会经历到的事，想一想因为害羞而使你不会遇到的人，想一想那些因为害羞而你会错过的事。这让你感到沮丧、痛苦，但是如果每次因为害羞让你停滞不前的时候就回想这些事，这就会督促你前进，让你打破害羞的行为模式。

与其期望他人，不如顺其自然

你是世界上最爱忧虑的人吗？——忧虑大事，忧虑小事，忧虑不大不小的事；你是个爱发愁的人吗？——脑子就像是一盒坏了的唱片，记录了一大堆混杂的事？如果你总是忧虑，把每件事都弄糟，如果因为你的悲观和畏惧，让朋友们受不了，那就是时候改变一下自订。

不要总是做最坏的打算

忧虑的人总是为一种发自内心的不好的声音而苦恼，这种声音总是告诉你各种情况下可能会让你遇上的最坏的情况。问题是做最坏的打算并不能阻止最坏的事情的发生。一般情况下，没能预料到的事恰恰是最终会击中你的事，让你偏离正常运行轨道。此外，如果担心忧虑的事没有发生，那你就浪费了一大堆精力为根本不存在的事而忧虑，真是不值得。

分清合理的忧虑和无端的忧虑

合理的忧虑是解决问题的一种方式；它能帮你搞清楚在某种情况下，你在哪些地方做错了，或者哪些地方可能会出错。但是，无端的忧虑（无止境地为相同的事担心）会干扰你理智思考的能力，使情况变得更糟糕。如果每件事都在顺利进展当中，你却担心不好的事可能会发生，那就表明你是在无端地忧虑了。

不要独自忧虑

独自一个人忧虑非常有害，因为独自一人的时候，可能会将事情的严重性扩大，将小事看成大灾难，认为整个世界都向你坍塌下来。这时可以和一个天生乐观的人谈谈你的问题，这样就不会脱离现实、无端地忧虑了。

要有计划

不能让忧虑毒害你的思想，要采取行动驱除它。这就是说如果你想要人陪了，那就打电话给朋友；如果担心胳膊上长出的一个肿块可能是什么大病的征兆，那就去看医生。采取积极的行动不但能让你重新控制自己的生活，而且还能让你觉得不那么容易受到伤害，因此也就不那么忧虑了。

学会顺其自然

有些事是无法解决的：某个朋友的行为总是让她卷进麻烦；你的妈妈除了看电视其他什么事都不做；就业大环境问题；等等。所以要弄清楚什么事要重点看待，什么事要顺其自然。忧虑是一种习惯，如果不做出努力，不做出智慧的选择，那你所有的时间都会花在忧虑上。

不要让情绪主导你的生活

如果你感到沮丧、抑郁、身体无端地不舒服，或者厌倦了生活，那么你要知道，并非只有你一个人如此。最近，世界卫生组织估计全世界有3.4亿人受抑郁影响。不管抑郁是稍纵即逝还是流连不去，你都可以寻求帮助，这些帮助不但能助你驱逐黑暗时光，而且还能确切地让你感到像换了个人似的。

寻求专业帮助

任何一个感到抑郁的人第一步要做的就是尽快地去看医生，这是因为医生能提供有效的治疗方案。尽管迈出这一步非常困难，但只有医生才能给你提供一系列的治疗方案，并且使你相信自己不用孤军作战。大多数人都采取服用抗抑郁药物或者心理辅导疗法，或者两者相结合的疗法。要是对可以采取的各种疗法迷惑不解，那就记住所有的心理辅导疗法都有一个共同的目标，那就是通过将隐藏在内心的各种情绪发泄出来，使你的身体转好，感觉变好。

将抑郁看作一种学习的过程

感到抑郁并不表示你正经历失败或者已经失败，感到抑郁只是你重新思考生活策略的一种方式。一般情况下，要是意识到正在采用的生活策略不起作用，你就会感到抑郁，这是在感情上暂时从社会撤离，给自己时间去思考。

参加一项体育运动

思考的事情太多会让人精疲力竭，这就是为什么体育锻炼能帮助人克服抑郁。体育锻炼是对体能的挑战，真真切切地迫使你生活在当前，将注意力集中到呼吸上。一天只要锻炼1小时就能很好地打破你的思考，并且使你保持良好的体形。体育锻炼还能像抗抑郁药物那样提高大脑血液中复合胺的水平。这又反过来提高你的情绪，有益于体内天然止痛药——内啡肽的释放，使你的感觉更好。

与人分担你的感受

和朋友、家人或任何你信赖的人谈谈你的感受。你也许会认为这是高估了谈话的力量，但你会惊讶地发现，与人分担问题，就等于问题减少了一半。谈话时一定要追问自己，你想要什么，你只是想说说话，还是想咨询建议？一定要选一个你认为头脑清醒理智的人，而不是一个会在你诉说的半道上开始谈论自己生活琐事的人。最后，谈话能让你感到不那么沮丧，因为与人分担忧愁往往会使你明白：你其实并不是一无所有；在这个世界上你并不孤单；生活总是充满希望的。

当你抱怨生活，生活也在抱怨你

抱怨有时会令人愉快。想一想：如果我们不是在抱怨天气，抱怨我们的经济状况或者工作状况，那我们就在抱怨名人和他们的生活。下面这些迹象能反映你是不是一个爱抱怨的女人：朋友们建议你尽量往好的方面想，改变一下自己的思路；别人总是问你有没有说过什么积极的话；家人好心地帮助你，给你暗示，怎样才能做一个比较乐观、容易满足的女孩儿。抱怨能给人带来短暂的乐趣，而且基本上不用付出什么努力。然而，抱怨让人非常沮丧、意志消沉，过一段时间之后，会让你成为大家避之不及的人。下面教你怎样把自己从抱怨的泥潭中拯救出来：

停止抱怨

是的，就这么简单！就是要停止抱怨。告诉自己，今天你不打算贬低任何人，不打算抱怨公共交通，也不打算为一些自己无法控制的事生气。如果不能一整天都做到这一点，那就选择某一个时间段，或者看看自己能不能至少在某一次谈话中什么都不抱怨。

采取一些行动

当然，有些事是可以抱怨几声的。问题是，抱怨是一种消极的行为，因为你只顾着抱怨了，而不是做一些事以改变你所抱怨的情况。所以可以写封信、打电话给客户服务部，或者直接面对你要抱怨的人，指出他的不合理或者不友好的行为。

打破抱怨的习惯

先弄清楚自己多么爱抱怨，然后想一想，身边的人总是听你重复同样的话，会感到多么无聊啊！如果你必须把牢骚发出来，那就把它写下来。在抱怨之前，先停顿10秒钟，深深地吸一口气。推迟从嘴中说出抱怨之词，阻止抱怨，给大脑留出了足够的时间，去想一些积极的话。

尽量找出事情积极的方面

每次想抱怨的时候就有意识地去寻找事情积极的方面。在脑子中找到另一件事，可以使自己从一个抱怨者转变成一个对什么事都更加积极肯定的人。在工作场所，这会让管理者对你另眼看待，因为这让他们把你看作是一位起积极促进作用的人。在社交方面，你的朋友和你在一起的时候，不但会更开心，而且会更愿意向你寻求支持。

坏情绪只会拉低你的层次

你经常嫉妒吗？你的所有人际关系都带有一丝嫉妒的色彩吗？你因此讨厌自己吗？如果是，并非就你一个人如此。每个人都会时不时有嫉妒之感。但是，如果嫉妒正在吞噬你的生命，吞噬你的各种人际关系，下面教你怎样控制嫉妒这种狡猾的感情：

嫉妒是因为想有所得

当欲望没有得到满足的时候，嫉妒之情就会油然而生。当我们想要一样东西，而心里又不相信能够得到它的时候，就会假装根本不想要，或者否认我们曾经想要得到它，以免因为得不到而感到失望。然而，一旦别人得到了我们想要的这样东西，我们的嫉妒之情就会浮出水面，因为我们感到自己遭到了背叛，受伤害了，或者感到被抛弃了。

不要感到你得不到

治疗嫉妒之情的窍门就是：提醒自己别人并没有偷走你的成功机会，没有偷走你的爱情或者幸福。如果他们果真有让你嫉妒的东西，提醒自己，有一天你也会得到这些。嫉妒有时能让你看清楚自己真正想要什么。如果一个朋友有男朋友宠爱，这让你嫉妒，那你可能也希望有人那样爱你。如果兄弟姐妹的成功事业让你眼红，这表明你想把工作做得更好。要根据真实愿望行动，而不要根据嫉妒这无法抗拒的感情做事。

不要隐藏嫉妒

受嫉妒伤害最深的是你自己。越是让嫉妒在你内心生根发芽，你就越痛苦。如果总是告诉自己别人有你想要但却没有的东西，最终你会感到痛苦，以致于将自己真正想要的东西弃置一边。不要假装你不是这样想的，敞开心扉，说出你的感受。这样做除了能很好地释放情绪外，至少可以让你明白是什么让你沮丧。

爱情中的嫉妒是缺乏安全感

不要将嫉妒粉饰为它物。如果感到你的爱人只要遇到一个漂亮女人就会神魂颠倒，那么只会出现两种结果：你觉得自己不够好，配不上他，他注定会移情别恋；你过多地监视他，以致于感到他可能与任何女人有暧昧关系。这种嫉妒的结果就是怀疑、恐惧、焦虑，最终导致爱情破裂——他会厌倦总是要向你解释以消除你的疑虑。要战胜这些，你需要增强自信，要觉得自己配得上他，对他很放心，感到你们之间的爱情很宝贵。

别让愤怒支配你的生活

怒气有许多种："你对我做这样的事，我现在很生你的气"，这是一种理性的怒气；"你不为我做这事，所以我很生气"，这是一种被宠坏了的、使性子的怒气；当然还有"我没法控制我的怒火，你做得太过火了"，这是一种大声发泄的、令人恐惧的怒气。除此之外，还有许多其他的坏脾气和怒气，全都是或多或少地由难以容忍的不公之感燃烧起来的。如果你经常经历这种种不同的怒气，那么，是该做些事去管理这些怒气了。

弄清楚你的怒气属于哪种类型

总体来说，生气可分为两类：向外爆发型（这种人将阵阵怒气全都发泄出来）和向内隐藏型（这种人将怒气压抑在心里直到受不了就像核能一样爆发）。如果你属于前一种类型，那你很可能已经知道自己动辄发怒是有问题的，但如果你属于后一种类型，你可能并不知道（或者不愿承认）自己的问题。要弄清楚你的怒气会怎样影响别人，以及它是多么可怕，这可以帮你决定自己需要什么样的帮助：如果其他人和你所爱的人都怕你了，那就需要专业帮助；如果你需要知道怎样控制怒气，那么只要增强自我控制能力就行了。

适时因事而怒

当你感到自己的需要没有得到满足的时候，你就会生气，因为你觉得受伤了、不被重视，或者受到虐待了，所以就怒不可遏。该生气的时候生气并不是什么坏事。别人对你粗鲁无礼了，你是有权利生气发怒的。别人不小心撞到你了，马上道歉了，你还要生气发怒就不合适了。

化解勃然大怒

如果不能化解怒气，下面教你怎样使自己平静下来。首先，在有任何行动之前先从1数到10，做深呼吸。这样能阻止你的身体进入要么战斗要么逃跑的紧张状态，阻止肾上腺素在体内分泌。然后，离开会让你发怒的场所。如果仍然怒不可遏，就做一些身体上的活动：散散步或者跑跑步，想一想是什么正让你恼怒而又不知所措，是什么正让你的怒火快速燃烧。

与人交流

找个人坐下来一起谈谈，告诉他你的感受，你为什么会有这样的感受。想一想是不是因为你对别人的期望太高了，或者是一些小事挑起了过去没有解决好的问题，还是仅仅因为你压力太大、太累，不健康的生活方式正让你怒火中烧？得到答案后，考虑一下怎样通过改变生活方式来战胜这些问题。

不被悲伤主导，必然迎来光明

爱人抛弃你了，朋友背叛你了，工作中提升也没有你的份儿……你为此感到悲伤。不管是爱人让你心碎了，朋友让你很失望了，还是工作受挫了，你都感觉世界末日到了。这在很大程度上与你过高的期望有关，感到一扇通往未来的门被关上了，所以你受到的打击很大。悲伤是一个不可能一夜之间就克服的感受。在悲伤的不同阶段应该有不同的应对方法。

悲伤伊始

刚开始时，你呼吸困难，甚至不能继续思考。也许你会感到眩晕，恶心，甚至要晕倒了。你身体冰冷，出冷汗，尽管没有奄奄一息，你也体会到了什么是震惊。决不要低估震惊对身体和感情上的严重伤害。要想帮助自己，首先要允许自己通过各种方式发泄自己的情绪：尖叫、大声嚷嚷、发火等，做想要做的事，将所有的情绪都发泄出来。然后，从家人和朋友那里获得帮助或慰藉。这就是家人和朋友的用场。当你觉得受伤了，觉得痛苦不堪，觉得一点儿也不开心的时候，完全可以向家人和朋友求助。

一周之后

现在你应该不再感到震惊了，尽管五脏六腑可能仍然在往下沉，仍然在问自己为什么所有的事都出错了，是怎样出错的，仍然希望这只是个可怕的错误——这就是拒绝接受事实。现在，身体上的消沉，一部分是因为血液中的复合胺和体内的多巴胺含量过低（复合胺和多巴胺是让身体感到舒服的化学物质）。负责控制身体适应压力功能的肾上腺也没有正常运转，这就意味着你的身体正处于高度紧张状态。结果，你注意到，你的饮食和睡眠习惯全都被打乱了，感到非常焦虑、非常紧张。这时要自己帮助自己，吃点儿巧克力和其他健康食品，如蔬菜和瘦肉，因为这些食物中含有一种能提高体内胰岛素的化学物质，胰岛素在大脑中会转化成复合胺，它能让你感到高兴一些。

一个月后

这个时候你可能开始感到气愤、意志消沉，但这是战胜悲伤的最后阶段。意志消沉是因为你现在已经不抱任何希望了；气愤情绪接踵而至是因为只有气愤你才感到自己能与让你悲伤的事联系在一起。幸运的是，你最终放弃了歇斯底里的报复幻想，对过往释怀了，并迈出了人生新的步伐。这才是你应该考虑的事。集中精力弄清楚是什么地方出错了，怎样才能避免重蹈覆辙，然后考虑接受已经发生的事，再制订一个新的人生规划。你一定要知道：当上帝向你关闭了一扇门，他一定又为你打开了一扇窗。

第四章

有事业的女人，你的样子真美

把工作当事业，入行要谨慎

如果你发现自己一直辛辛苦苦地在自己讨厌的行业工作着，你对这个行业一点儿兴趣都没有，赚到的钱也微乎其微，那么一定要仔细想想你这一生到底想要做什么，这对你会大有益处。在理想的世界里，你一觉醒来就会知道自己想要做什么，但现实是对大多数人来说，引领他们走向理想职业的不是发自内心的召唤，而是一种选择。想开心地做你的工作吗？下面教你怎样做：

现实一点儿

发现自己热爱的事业的第一步：要扬长避短，但又要对自己的优势、弱点和目标有着现实的理解。

想一想在生活中你热爱什么

这是找到理想职业的关键。如果你所热爱的碰巧是实实在在的东西，如电脑，那你就可以立刻做出决定了。如果不是实实在在的东西，那就发散一下思维。如果你喜欢在室外活动，那就可以考虑环境保护和园艺工作。热爱音乐吗？那就把自己培训成为一名广播制片人，或者在唱片商店学习管理。喜欢购物吗？那你就可以做时尚连锁店的采购员。热爱体育运动吗？那你就可以做一名体育老师或者个人教练员。

一步一步地朝着目标奋进

罗马不是一天建成的，你的事业也不会一天就成功了。生活中许多事情要取得成功，都要制订一个简单而有策略的计划，每天做一点点。考虑一下训练、资金、学习期和工作经验，然后再投入到实际的行动之中。

你的智力属于哪一类?

根据心理学家的说法，智力总共有6种类型，尽管这6种智力因素中每一种我们都有，但我们确实会更倾向于某一种类型，这能帮助指引我们找到正确的方向：

内省型智力：这种人自信，有主动精神，适合自主创业。

语言型智力：这种人擅长语言交流，非常适合从事广告业、做记者、当老师。

视觉型智力：这是一种空间智力，这种人适合从事设计业、建设建筑业方面的工作。

人际型智力：这种人擅长团队工作，非常适合从政、当老师、做管理人员。

身体型智力：这种人身体敏捷，协调能力好，适合从事健身、建设、体育方面的工作。

数学型智力：这种人擅长逻辑推理，适合从事银行业、科学研究、电脑业方面的工作。

掌握面试小技巧，赢得更多工作机会

你是一个万事凭感觉去做的女孩儿吗？是一个思维敏捷、做事从不做任何准备的人，一个为自己擅长处理压力而感到骄傲和自豪的人吗？如果梦想的工作近在咫尺，一场面试也迫在眉睫，要得到这份工作，就看看下面这些你需要知道的现实：

你确实需要做些准备

如果你真的很想得到一份工作，那就不得不做一些准备。这不但是为了手头的工作，更是一种态度。把面试当作一场考试，到面试的时候，你要知道该公司的一些细节，该公司品牌的力量（是什么让该公司如此特别），以及你怎样适合他们的要求。此外，如果可能的话，你还要调查一下该公司的利润，或者过去的成功和失败。

人靠衣装

以后你有的是时间去穿粉红色的凉鞋和白色的短裤，但是面试一定要穿得干净整洁：整洁干净的头发，毫不张扬的妆容，少戴一些珠宝首饰，穿上套装、职业化的鞋子，背着职业化的包。专家说要使自己看起来好像已经属于要面试公司的一员了，他们就会迫不及待地雇用你。

把自己“卖掉”

忘记你的简历里有什么，忘记你的各种资格证明；要告诉面试你的人，你为什么有这些，你有哪些适合这份工作的技能，你可以为公司带来什么，你打算怎样为公司出一份力。要做到这一点的办法就是在面试一开始和面试即将结束的时候，给他们留下深刻的印象。害羞、忸怩对面试的成功一点儿好处也没有，你需要立刻就吸引他们的注意力。

完善自己的肢体语言

一开始要紧紧地握手，要与面试你的人用力相当，但不要握得太久。下一步是，一定要进行眼神交流。说话的时候，正常的眼神交流是盯着对方看3～5秒钟，然后才能把眼神移开。但是，听对方说话时，一定要确保有80%的时间都在与对方在进行着眼神交流。

处理难缠的问题

问你一些难缠的问题是面试官的任务，而你的任务是摆脱这些问题。要记住的要点是：

当他们问你为什么要离开现在的工作时，一定要以积极的口吻谈论现在的工作和上司。要强调说，你之所以来面试，是因为你想在事业上有所发展。

当他们问你有哪些优点和不足时，不要太谦虚，不要不好意思说自己的优点。同时，不要太多地列举自己的缺点，或者假装自己没有缺点。无论如何也要承认一个缺点，但同时要告诉他们，你已经学会怎样克服这一缺点了。

当他们问到你所期望的薪水是多少时，则应先问他们准备提供多高的薪水，或者，如果他们已经知道了你以前的薪水，那就在行业平均水平的基础上稍微加一些。

说真话

最后，从长远来看，诚实是最有用的对策。但是，稍微修饰一下过去取得的成功和承担过的角色，也是无可厚非的，只要你知道你能够实现自己的承诺就行了。

小心“陷阱问题”

能否听出考官的“弦外之言”，判断出哪些属于“陷阱问题”是难点之一。陷阱问题是考官故意设下的“圈套”，这些问题通常都咄咄逼人，过于刁钻。

面对这些问题，如实在无法回答，不如反戈一击，反问对方，可能会达到意想不到的效果。不过，切记要保持微笑，以礼待人。

读懂你的上司，是工作的一部分

我们都喜欢抱怨上司：他很笨、很懒，还恃强凌弱；他很自私，偷了我的创意，还总让我加班。尽管有些上司的确很坏，但是大多数的上司就像你我一样，他们的处境也很困难，要努力把工作做完，还要确保手下人也把工作做好。让他们生气、他们一走你就开溜、把他们的话当耳旁风，这样做的结果就是，他们会使你的生活很痛苦。如果你想与上司建立和善的关系，想在工作中遥遥领先，下面教你怎样完美地解读上司：

学习怎样解读他们

要弄清楚某个人怎样思考、在压力之下怎样行动，或者怎样处理压力，并不需要花费太大的功夫。知道怎样观察上司的不同心情，能让你走得比想象的远得多。竖起你所有的触角，赶紧开始收集有关他们的信息。从你的角度对他们进行细微的观察，如在他们忙得不可开交的时候给他们带午饭，或者当他们忧伤难过的时候给点儿安慰，这会使你和他们的关系拉近许多。

弄清楚他们一天中工作效率最高的时间段

他们是早起的云雀还是爱熬夜的猫头鹰？他们什么时间工作最有成效，头脑最清醒：一大早，午饭后，还是傍晚？这就是和他们谈论工作、提出工作见解、展示积极主动性的最佳时间。他们放松休息的时候，是与他们进行社交和私人交流的时间。不要混淆了这两个时间。

不要过多谈论私人问题

他们也许很快就会告诉你，他（她）们的妻子或者丈夫睡觉时打呼噜，讨厌打扫卫生，但是你不要告诉他们太多你个人的私事。太多的个人信息会妨碍你的工作，此外，他们可能根本就不想知道。

模仿他们

观察他们说话的速度，与他们的说话方式相匹配（但是不要学他们说话的风格，要不然他们会认为你很奇怪）。如果他们说话很快，那你就说得稍微慢一些，这样你们的谈话才会协调。如果他们说话比较慢，那你就说得稍微快一点儿，这样他们就会加快速度。这很微妙，但却是建立和善关系的良好途径。下一步要做的是，弄清楚他们是视觉型的人（我“看”明白你的意思了），听觉型的人（我“听说”这个月的盈利很低），还是感情型的人（我“感到”你们在这儿并不快乐）。弄清楚之后，就按他们的方式工作，例如，他们是视觉型的人，如果你想向他们提出一个想法，那就把你的思想清楚明白地用视觉形象、用图画表现出来，向他们展示。

不要太急于讨好他们

工作中积极主动非常好，但要是竭尽全力去讨好某个人就不好了。即使这能让你得到一些好处，但这也会使你在同事之中很不受欢迎。要尽最大努力把自己的工作做好，剩下的交给上司去处理。毕竟那是他们的工作。

把精进当成习惯，你的优秀终将脱颖而出

我们或许已经告别了那个为权利而疯狂的时代了，但是，想从工作中得到更多仍然是无可厚非的。然而，要脱颖而出已经不像过去那么容易了。除了要超过所有的同事，以达到顶点之外，还要让人们注意到你的努力，下面教你怎样赢得注意：

让每个人都知道你很有雄心壮志

大声清楚地说出自己的想法。说自己很有野心，想要得到更多，是没有错的。事实上，掩藏自己的欲望，当提升机会来临的时候，你不但会是最后一个听到这个消息的人，而且还会落到队伍的最后。

积极地对待每件事

这不是要你做个拍马屁的人，而是要你在工作中积极主动。太消极被动会使你失去提升自己和在事业上取得进步的宝贵机会。所以要自愿参加一些新的项目，对老的项目提供有思想的见解，提出一些创意新颖的想法，积极地投入到公司的工作中。与此同时，考虑为公司做一些社会服务：组织一些活动（如聚会），为职工预定午餐等。

不要总是抱怨

说出自己的担心是好的，但是不要每次公司有新思想出台你就开始抱怨。也许你认为自己是实事求是，但是，上司会把你当成是办公室里制造麻烦的人。把你的批评以富于建设性的方式提出来，这样你就会被看成是一个暗自努力以解决问题的人，而不是一个爱管闲事、爱捣乱的人。

提高自己的姿态

你也许工作非常努力，是每个项目的中心人物。然而，如果不提醒公司里的关键人物你所做的一切，你的角色很快就会被忘记。与此同时，一定要让他们看到你的存在，要确保自己不漏掉工作中关键的社交活动，确保自己在开会的时候积极主动。你的目标应该是加强自己在办公室里的影响，但是不要认为你必须救公司于危难之中才能达到这一目标。在经理的眼中，对公司的贡献是一些最基本的工作，如：上班准时、随叫随到、按时完成任务、可靠、充满热情，当然还要平易近人。

扩散思维

如果你在一家非常优秀的公司上班，那你的竞争对手很可能是一些和你一样聪明能干的人。超过他们的诀窍就是要开阔思路，寻找一些稍稍偏离常规的方法，以产生影响。运用你所拥有的与别人不同的知识，找到一条寻求客户的新办法（如与他们的助理谈话），或者是使公司更加团结一致的新思想。多阅读各类报纸能提高你的理解力，为工作带来许多新鲜血液，坚持阅读会让你收获很多。

职场最好的状态，就是为自己努力

想要更多的钱买喜欢的东西，或者只是因为你工作比别人更努力，理所应当拿更多的钱。不管是什么原因，要老板给你加薪水并不需要紧张，这不是一件要费很大劲的事，也不是痴心妄想。下面教你怎样成功地向老板争取增加薪水：

你为什么应该拿到更高的薪水

如果在去上司的办公室之前不知道这个问题的答案，最好现在就转身回去。聪明的律师都知道，不要问自己都不知道答案的问题。你的回答应该是下面的一种：我承担了比这项工作更多的责任；我觉得我做了两个人的工作；根据某某的薪水情况（搞清楚和你做同样工作的其他人的薪水），以我的专长，我应该拿到更多的钱……

几个决不能

决不能哀求，无论如何也要保持自己的尊严。决不能哭穷，公司不想知道你是为了吃饭才去工作的。决不能用离开相威胁，除非有另外一份工作正在等着你。

知道你的价值

在见上司之前，先想一想自己在公司中的地位和讨价还价的主要筹码。你是团队中必不可少的人物吗？你带来了许多业务吗？每个人都喜欢你吗？或者你是工作努力又有成果的人吗？如果你是其中任何一种人，他们就都不想失去你，或者不想让你感到你的价值被低估了。同时也不要在脑子中夸大自己的价值，没有人是不可替代的，而且你还要知道公司的财政预算和该公司增加薪水的原则。

做好妥协的准备

想一想什么样的结果会令你满意，然后再提出加薪，并且允许磋商。通常情况下，平均加薪率为2%～4%，除非你的工作角色改变了，被提拔了。这能帮助你根据可能发生的事，练习一下该说什么。让一个朋友充当一个唱反调的人，排练一下，进行磋商和取得成功的技巧。

合理地选择时间

即使上司是你最好的朋友，你们经常在喝咖啡的时候一起聊天，也要选择在正式的场合提出加薪的要求，这样做的效果总是好一些。更重要的是，小心地选择一个时间段：星期一上午11点之前和星期五下午都不合适。一周的开始是个更好的选择，因为在这个星期之内你就能得到答复。

在进去之前知道自己想要什么

如果上司对你加薪的要求说“不”，那就提出另外一个计划，要求更多工作上的帮助（一位助手、一个新的队友），或者更灵活的工作安排，或者仅仅问一问什么时候有可能给你加薪。如果他们说“决不可能”，那你可能需要考虑另找一份报酬更高的工作了；如果他们说“很快”，那就与他们订立一个3个月或者6个月的时限（以书面的形式），并且利用这段时间证明自己的价值。

合理消费，不需要浪费

如果你一分钱存款都没有，父母也不能给你留下什么财产，但你也能够通过努力和制定合理的财政策略让自己有一天变得富裕起来。当然，致富需要规划、需要存款、需要财政计划。下面教你怎样做：

现在就开始存款

研究显示，如果在大脑中将月工资分成许多份，大多数人都能够把工资中很大一部分存起来。想一想总共想存多少钱，然后再除以30，看看每天要存多少钱。从长远来看，小小的存款就相当于丰厚的收益。

明智地购物

不要完全相信广告上的东西，因为广告是通过包装来出售一种生活方式的。明智地购物，选择合适的商店去购物（并不是所有的超市都是一个价格）。在网上搜索更便宜的货物，在商店做降价销售的时候买东西。要有这样的购物原则：如果已经有了两件T恤衫，你就不需要再买了。

直接将工资存入银行

一旦看到存款单上的数据不断往上升，把钱存起来就会变得和购物一样让人上瘾。每个月都存点钱，赶快做出决定，一拿到工资就把它存起来。

考虑长期和短期存款组合

咨询任何一位金融专家都会告诉你，他有一系列不同目的的存款，短期的、中期的、长期的。长期存款是一种养老金，为退休做的打算；中期存款是为了买房子，或者是预防被解雇；短期存款是为了度假、买车子、买电视或者买喜欢的衣服。

不可太冒风险

尽管很想涉足股票市场，或者投资一个项目，你想把钱交给某个人，这个人说两周之内能让你的钱增长两倍，但是，这时有一句话非常值得你去考虑：如果某件事听起来太好了、不真实，那这件事就真的不真实！没有人可以一夜暴富，除非他能输得起。如果现在不富有，你就不应该拿辛苦赚来的钱去冒大风险，你输不起的。

第五章

聪明的女人，懂得如何得到理想的爱人和爱情

保持身材的状态，就是在保持生活的姿态

要拥有理想的体形并不意味着一辈子都得吃芹菜，或者所有的闲暇时间都要在健身房度过。还是那句话说得好：现实一点儿。大多数人都对自己的体形有着不切实际的期望，渴望拥有那种完全在自己能力之外的体形，总想拥有明星、模特、有着修长的腿的女演员的体形。大众媒体里的女性并不能代表大多数女性，因为她们中的大多数人都是经过精心修饰的、拍出来的录像是经过剪辑的，所以看起来才如此魅力四射。还有一些女性是天生幸运，拥有大多数人绝对不可能拥有的完美体形。

这并不意味着放弃锻炼或者永远都吃油炸食品，而是要定一个实事求是的、可以实现的体形目标，这样你就不会灰心；不会痴迷于不可实现的目标。

你真正能拥有什么样的体形

看看你的家人。如果他们每个人的体形都和模特一样瘦，那你就不会太胖。有些人天生就很瘦，天生就拥有修长的双腿和双臂；有些人看起来很强壮，像个运动员；还有的人身体曲曲弯弯，只有中等或中等偏下的个头。知道自己努力要改变的体形是什么性质的，还是会对你有帮助的，这样就可以确保你不是在努力把一个有些男性化的形象变成一个小巧玲珑的小女生形象。

设定一个个切实可行的小目标

一旦确定了你要改变的是什么样的体形，就一定要设定一个个小目标，因为如果目标太高，那就可能让你丧失坚持锻炼或者健康饮食的动力。这就是说如果你现在平均每年只锻炼五次，那就不能要求每周都锻炼五次。要清楚，如果想拥有良好的体形，就得持之以恒。

设定阶段目标

把要达到目标的期限定为三个月比较好，截止的日子可以是一个假期、一场婚礼，或者是一个特别的事件。在这段时间里你应该有三个阶段目标。目标一：每周去两次健身房。目标二：合理饮食，控制分量。目标三：外出时要控制酒量，少吃垃圾食品。

对待感情，也要及时止损

你对差劲男人的定义是什么？一个把袜子乱扔的男人？一个35岁了仍然认为他会成为明星的男人？或者是一个连自己的汽车都要起名字的男人？

对于大多数差劲的男人来说，问题出在他们不知道自己已经做得过分了，这时，对他最好的处理就是把他踢出局。如果你还没有这么做，那就要问问自己，为什么不呢？

注意那些警告征兆

如果你总是认为自己的前额上长了一块吸引差劲男人的磁铁，不停地哀怨自己为什么总是碰到差劲的男人，那现在就该看清楚你在和谁约会。事实上，差劲的男人总是会自露原形。

总是谈论自己的男人

从来不会停止谈论自己的男人、从来不会问你一个问题的男人，很有可能就是个差劲的男人。因为这表明他太以自我为中心，而且这种自我需要不停地得到满足。

与别人有暧昧关系的男人

这是指那些结过婚的男人、已经有女朋友的男人还和别人有暧昧关系的，这种男人是差劲男人中特别的一类，他们自认为是好男人，只是“被误解了”而已。

不能让人信任的男人

这类差劲的男人第二次和你约会的时候就会原形毕露：他要么在约会前5分钟把你甩了，要么忘了和你的约会，要么迟到两个小时。这种男人会变成不可信赖的人，这种男人肯定会让你精神极度紧张焦虑，让你想着你生日的时候他会不会来，甚至他能不能记住你的姓名。

撒谎的男人

我们都会时不时地说一些小小的、善意的谎言，以免伤害别人的感情，或者只是为了使别人开心。但是，偶尔撒谎与总是撒谎是两件截然不同的事。正是这种持续的小谎言迟早会发展为弥天大谎。

事后诊断

怎样处理一个差劲的男人，决定权完全在你自己。但是，你需要问自己的问题不是“一个好女人的爱能够改变他吗”，而是“这个人有能力给我想要的爱情和生活吗”？

看得到的谎言，也要适当戳破

很多经常骗人的人早已习惯了说各种荒谬可笑的小谎，并且对更具欺骗性的大谎言也已经麻木了，以致于常常忘了自己在撒谎。我们在这里谈论的是迷惑和欺骗。要当场抓住这种男人是很困难的，因为他们太擅长撒谎了。

总体来说，如果某个人在欺骗你，总会有一些明显的信号在你脑子中敲起警钟，总会有一种办法让你直捣龙潭。要抓骗子，你需要做的就是下面这些。

认真察觉不正常的信号

如果你不是一个天性多疑的人，可是突然之间你满脑子都是令人担忧的疑虑，发现自己很想读他的邮件，听他的电话留言，闻闻他的脖子看有没有香水味（当然不是你的香水味，你可能已经察觉到了一些非语言的信号），那么一切都有些不正常。

查看他的历史

研究显示，曾经对自己的伴侣不忠诚的男人可能还会对新的伴侣不忠诚。这不是由于什么不忠的基因，这只是一种行为方式。这就是说他爱上的是恋爱初始时的刺激，他喜欢的是那种追逐的过程。如果他突然做出一些对你来说很陌生的行为（但是对他来说显然不陌生），那你一定要注意。

注意肢体语言

当某个人撒谎的时候，即使他很善于撒谎，也总会有一些显示撒谎行为的信号。天生的撒谎者经常指责别人撒谎，却暴露了自己正在撒谎。在生活中总是欺骗别人会产生一种副作用，那就是认为其他人也总是在欺骗别人。所以如果某人经常说他不相信别人，那你就要注意他对你说的话了。

听一点儿流言蜚语

这听起来有些奇怪，但是很多事实都是通过流言蜚语传播出去的。这不是说你要相信听到的任何只言片语，但是如果你已经查看了某人的经历，然后又听到一些让人感到很不舒服的话，那你就要相应地采取一些行动了，即使只是为了驱除你的恐惧。

考虑天生的警觉

我们都有一种合理的本能反应，警告我们某些不好的事可能将要发生。如果你听到一声响亮的警报，不要置之不理，而是要想一想它为什么会响起来。担心是自己多想了的话，就请教一个朋友，看他是什么观点。如果他认同你的感觉，那你就要采取行动了。

主动搭讪，是不可多得的体验

微妙的暗示到了男人那里就不起作用了。这倒不是因为男人们迟钝（真的迟钝倒好了）、害羞，或者爱欲擒故纵，这只是因为大多数男人根本就不知道你在干什么，更不清楚你为什么要那么做。尽管找个男朋友是你的首要目标，但是知道怎样娴熟地与人搭讪，也可以让你更好地向他人展示你掩藏的才华和内在魅力。做得好了，仅仅一个眼神就能给人留下深刻的印象。

你不需要光彩照人

研究显示，与人搭讪的能力并不在于你有多漂亮、多聪明、多风趣，而在于你发出的信号。所以开始要学会在男人接近你的时候，该如何反应。傻笑、呆呆地盯着他看，或者说“什么”，这些都不太适合。如果不知道该说什么（或者话在嘴边就是说不出口），不要沮丧，主动搭讪在于你的整体行为举止，而不是你说的话。55%来自肢体语言（所以不要动来动去，或者当他碰了你的胳膊时也不要退缩），38%来自说话的方式（想一想友好的语调、声音和态度），只有7%来自于你到底说了什么（如果你真的不知道该说什么，只要说声“你好”就够了）。

不要还没开始就放弃了

不停地哭诉，你可能会一辈子就一个人过，不停地追问好男人都去哪里了，不但让别人不敢和你搭讪，而且只会引起那些和你有同样感觉的男人的注意，谁又想和这样的男人出去约会呢？无数的研究显示，大脑相信我们告诉它的话。因此，如果你认为没有人会喜欢上自己的，因为你太胖太丑了，大腿和腰一样粗，或者抱怨说所有的好男人都已经被抢走了，剩下的都是垃圾，那你永远都不会主动和某个人搭讪。

敢冒风险

搭讪成功的人之所以成功了，不是因为她们捕获了更多的注意力，而是因为她们敢冒风险，遭到拒绝了还会再尝试。如果你不停地想着会失败，就真的会再次遭到拒绝。

有话说的朋友，感情更长久

首先，和男人说话没有你想象的那么难，因为大多数男人都渴望友善的女性和他说话。其次，如果一个男人真的想和你说话，那你的话不一定非要诙谐、机智、有见地。非常平凡的话题，如一包土豆条，或者墙纸贴得怎样，都能让一场谈话顺利进行下去，而且还能燃起友谊的火花。但是，如果恐惧让你哑口无言，你需要知道怎样去克服。

和快递员也可以聊几句

多和男人说说话，不仅是你喜欢的男人，还要包括男人：快递员、售票员、服务员、复印机边和你一起等着复印东西的人。和他们聊聊，这能揭开你在大脑中给男人蒙上的那层神秘面纱。这样做的第二个作用就是，当某个男人和你说话的时候，你的身体不再会自动进入"战斗或者逃跑"的状态。如果恐惧让你动弹不得，那就想一想外部事物，不要把思想集中在自己身上。他没有盯着你背后竖起来的头发，而是在等你说话。如果不知道该说什么，那就试着问一些问题，评价一下天气，或者说一些荒谬的话，任何可以让你在男人面前建立自信的事都可以做。

向别人学习

观察一下你的朋友是怎么和男人说话的。观察别的女性怎样和男人说话对你也会有帮助。主要观察那些让人感觉舒适的非语言方式：对方说话的时候身体微微向前倾斜，轻轻地碰一下对方的胳膊，微笑。如果犹豫不决，不知该说什么好，那开始时就谈论一些不会涉及个人隐私的话题，因为这让人感到更舒服自在，不至于感到像是被人盘问。接着就是聆听，聆听，再聆听，这能帮助你判断他是否感兴趣，他对什么感兴趣，怎样回答他向你提出的问题。

和男人说话而不要和男人唠叨

不要陷入另外一个极端，那就是对着男人唠叨不停。千万不能喋喋不休，让对方没有任何机会回答你的问题。要避免的做法有：一次倒出很多信息，他不需要知道你爱第一次养的猫更甚于你对生命本身的爱，他也不需要知道有一次你被送进医院是因为你的头撞到了锅上。同样道理，不要问那些你已经知道答案的问题，如："我看起来怎么样？""注意到这两者的区别了吗？""我长胖了吗？""你喜欢我的新发型吗？"最后，男人很少会对其他男人的相貌、其他人的男朋友、鞋子有什么见解，所以这些最好留着和好朋友一起探讨。

坦然面对男人的崇拜

在这个约会频繁的时代，人们很容易就陷入一种思维陷阱，认为有无数的方法和途径让任何男人对你有兴趣。事实是，如果他对你有点儿兴趣，你可以让他对你更感兴趣，但是如果他对你毫无兴趣，那你就是在浪费自己的时间、精力和社交技巧。尽管有很多种方法能让一个男人喜欢上伪装的你，却没有经得住反复考验的方法让某个男人倾心于你。找男朋友的时候有很多事不能做，但有一些简单的事你必须做。

不要猜想他的喜好

自己去猜想某个男人想要什么，然后认为你要变成他所期望的样子，那你不但会失去自己，而且在这种转变的过程中还会失去他。单身有一个严重的副作用，它经常使精神完全正常的女性认为自己单身是有自身原因的。事实上当某两个人有缘的时候，他们总是能走到一起。这就是说，即使你鼻尖上有个大脓包，说了非常愚蠢的话，穿的衣服颜色搭配得很奇怪，他仍然会认为你是他所见过的最性感的女性。

不要做他前女友的影子

他总是约时髦性感的女性，她们都爱看足球，而且善于说机智俏皮的话。尽管你变成他前女友的影子暂时会让他迷恋，但这样的关系也不长久。所以，不要做这样的事，做你自己，对你的自尊心、自信心和幸福感的增强都会有更大的好处，让某个男人为这些爱上你吧！

不要接纳他的兴趣

尽管对自己喜欢的人充满热情是件好事，但还是要诚实地面对自己的喜好。

不要落入所谓的理想女性的俗套

所有的男人都希望找一个双腿修长、皮肤白皙、腹部平坦的女朋友，而且还要有很好的幽默感，很会做饭，很会做家务，等等。要是想做这样一位理想的女朋友，你不但会把辛辛苦苦挣来的钱都花在外形上，而且还会你变得不像你自己。如果你是这样想的，那就要检查一下你的自尊心了，要重复告诉自己：你无法预测某个男人到底想要什么，你也无法遵循一种吸引异性的方程式，因为根本就没有这种方程式。

要让一个男人喜欢你，先喜欢你自己

无数人曾经这样告诉过你，你心里也明白，要让男人喜欢你你先要自爱。爱你的兴趣，对自己的长相充满自信，对爱情能够有所贡献，任何男人都会拜倒在你的石榴裙下。

姑娘，时间会教你如何爱一个人

如果你认为在这一节里能够看到怎样找到白马王子的机密，或者宣扬那种“不择手段找个男人”的理论，那么你肯定会失望的。寻找白马王子根本就没有什么锦囊妙计。

知道自己想要什么

许多人的经历显示，为了某一重大事件去商店买东西是对寻找真爱最恰到好处的比喻。从本质上说，你需要知道自己在找什么。如果出门的时候不清楚自己到底想要什么，你可能对买东西产生恐惧，要么买回一些不合这件重大事件的东西，要么买回一些根本就不适合自己的东西。所以，最基本的是要知道你想要什么，为什么，这样你就不需要把买回的东西统统扔掉。

在正确的地方寻找

如果你是个喜欢待在家里的人，讨厌酒吧里的吵闹声，那么每个周末都在酒吧里打发时间就不适合你。如果你做过的最大运动量就是从冰箱旁走到电视机前，那么就算找个奥运会冠军式的运动型美男子也不会有什么益处。无数研究显示，人以群分，物以类聚。如果想找个运动型的男性，那么首先你也要变成一个运动型的女性。

适合你的不止一个人

考虑一下“只有一个”这个问题。与童话相反，适合你的其实有“很多”。这就是说，有很多男性都可以出色地做你的另一半。

你有什么可以提供的

如果你把所有的时间都花在对比这样的信息上：你想要什么，需要什么，你从男朋友那儿可以得到什么，那么很有可能你会忘记爱情等式重要的另一部分：他在寻找什么？尽管人们习惯于指责男人都只注重外表，男人其实也会在女朋友身上寻找一些他需要的东西，这些东西和你正在他们身上寻找的东西是一样的。这就是说，他们在寻找各方面都发展健全的、有趣的人。如果把99%的时间都花在寻找约会、谈论约会、悲叹自己的约会状况上了，你就不会成为各方面都健康发展的、有趣味的人。

付诸行动

这并不是要你每晚都去相信，而是让你把渔网撒大一点儿。告诉别人你在找男朋友并不可怜：让媒人安排见面，尝试网络约会等。让朋友给你介绍男朋友，走到一个陌生人的面前，直接约他出去，这些都不可悲。如果上面提到的任何一种方式都让你觉得尴尬、怪异，那就想一想：如果碰巧找到了一个优秀的好男人，他让你异常的幸福快乐，你真的会在乎是在什么地方遇到他的吗？

约会守时，是礼仪更是修养

你总是匆匆忙忙地从A地赶到B地吗？约会也总是迟到10分钟或者更多吗？感觉每一天的时间总是不够用，该做的事总是做不完吗？其实这个世界上只有两类人：一类是总是迟到的人，另一类是从不迟到的人。除了自然灾害、感情破裂和严重的交通堵塞之外，迟到的人多数都是由于时间管理不合理，而不是太忙了，所以无法及时到达。下面教你怎样再也不会迟到：

检查自己的时间都去哪儿了

如果你总是在遗失时间，而且发现时间就是从你指尖偷偷地滑过，那么你就要学着计较时间了，就像计较金钱一样，这会对你大有裨益。看看你的时间是怎样溜走的，因为什么溜走的。你打电话的时间太长了吗？很容易为邮件、报纸和过往的人分神吗？你是一个杂乱无章的人吗？总是在最后一分钟才去做该做的事，在计划中从来都不考虑现实的时间问题吗？

对时间要现实一点儿

你热心于让每个人都开心，还要做一番轰轰烈烈的事业，而且还想做一些自己喜欢做的事吗？这很好，但是一天只有24小时，这就是说，你需要现实一点儿，弄清楚做什么事要花多长时间。造成总是迟到的罪魁祸首是你什么事都要做。因为你竭力地去做每件事，你会把时间排得满满的，因此不能给一些无法控制的因素留下任何回旋的余地，如交通堵塞和运输问题。

额外预留15分钟

每次都期望一切顺利是不切实际的，因为生活总是会以种种方式打乱我们的计划。所以，对于每个任务、每个约会来说，在你计算好必需的时间之后，都要再另外加上10～15分钟的时间。“排除最好的情况，为最坏的情况做好准备”，这可能是准时到达目的地的最佳箴言。

做到有先有后

记住这一点，要将关键和重要的事摆到优先的地位，将不是很重要的事安排为日常工作。这样做的目的是规划好时间，留下充足的时间去完成重要的任务，剩下的事情改天再做。想要做到这一点，可以列出一个清单。这不但能让你明白正在做什么事，而且还能清楚地显示出你将来的任务。

避免做完“最后一件事”才出发

这是你正准备出门时发现的要做的事，这可能是一件非常普通的事，如把垃圾倒出去、给妈妈打个电话，或者是把某个文件归一下档。但问题是，你以为这只要花1分钟的时间，而事实上这要花上10分钟的时间，或者更多。所以要暂时忘掉它，马上就出门！

如果情况紧急，定一下闹钟

尽管闹钟的声音会刺激你的神经，但是它确实管用，因为这让你从当时的状态中清醒过来，让你意识到现在该做另外一件事了。

婚姻生活，以“和”为贵

斗嘴、吵架、争论、冷战和互相招惹对方，这些词能恰当地描述你和爱人相处的情形吗？如果能，这说明你要么认为这是夫妻间很正常的行为，要么认为彼此相爱的人都会这么做。虽然上面提到的这些行为确实是一种交流方式，但不那么值得推荐。首先，这些行为会使双方的热情消退，导致爱情危机，而且也不是对爱情的合适定义。其次，这些行为让旁观者觉得可怕，而且会使双方都很累。想改变一下爱的方式吗？下面教你怎么做：

考虑一下显而易见的事

如果不断地晚归、过度饮酒和快餐食品正使你感到没精打采、疲惫不堪、性情乖戾，那你就更可能会为一些鸡毛蒜皮的事而大发脾气、小题大做。所以帮自己一个忙，让生活变得健康起来，这不但有益于身体健康，而且也有益于大脑健康和爱情生活美满幸福。每晚睡足8个小时，少吃点儿快餐食品（快餐食品中的糖分只会使人精神时好时坏），不要过度饮酒。

你们是怎样吵架的

研究显示，夫妻间吵架的方式反应他们是否天生适合待在一起。如果你是那种一旦吵架就把所有陈芝麻烂谷子的事全都搬出来的女孩儿，那么一场关于看什么电视节目的小争吵就可能会演化成一场抨击，一场关于对方所做的每件恼人之事的抨击。如果你真的这么做了，就是在扼杀你们之间的爱情。这种时候，最好暂且只处理眼前争论的问题，其他的问题等到双方都冷静下来之后再解决。同时，要学会用幽默去缓和严厉之词，学会在有些情况下主动地承担部分谴责（即使你感到自己不该受到谴责），这是为了双方的更高利益而做出的健康妥协。

停止斗嘴

斗嘴是慢性毒药，但奇怪的是它让人上瘾。如果你发现自己唠唠叨叨、牢骚满腹，或者对方唠唠叨叨、牢骚满腹，那就值得注意了。很多时候，斗嘴都源于“影子综合征”。你（或者你的爱人）在自己所爱之人的身上看到了一些自己身上也有的东西，而这些东西正是你自己不喜欢，并试图在爱人身上改变的，这就是“影子综合征”。和其他许多习惯一样，这一习惯也能打破，只要退后一步，仔细想想你正在对爱人做些什么，正在对你们的爱情做些什么就行了。

不要停止互相亲吻

研究显示经常互相亲吻的夫妻婚龄相对较长，而且更幸福。即使是生气的时候也别忘了一些表达爱意的小事。一个亲吻，一个和善的手势，甚至是一句话“尽管你让我发疯，但我还是很爱你”之类的话，这些都能缓解争吵的形势，提醒你们为什么会待在一起。

不要步父母的后尘

这听起来很耸人听闻，但很多夫妻的确在重新演绎父母的婚姻生活。我们不自觉地在婚姻生活中扮演父母曾经演过的角色，这是因为我们最了解的婚姻生活就是他们俩的婚姻生活。如果你的父母很会相处，有很好的策略，那非常好，但可悲的是大多数人都倾向于从父母那儿学习那些有害婚姻生活的事。一个很好的佐证就是，如果你发现自己越来越像自己的妈妈，那么你很可能就会变成她！

扮演好自己在家庭中的角色

不要太独立，也不要太依赖。男人不会喜欢霸道的男人婆，过于独立的女性会让他们望而生畏，你该有自己的主见，在适当时候为他理出思路、给他建议，可是不要过多干涉他的工作。但是也千万别把自己弄成缠住大树才能生存的藤萝，社会已经给予了男人太多的压力，家应该是温馨的，不能是幼儿园。

第六章

女人越独立，活得越高级

总有一些路，你要一个人走

万事万物都遵循因果报应法则，在详细讨论怎样说分手之前，你需要注意的是：发条短信就想分手，发一封尖刻无礼的邮件就想结束一段感情，或者假装自己突然消失，那你就是在邀请别人给你以严重的打击报复。当然，分手的方法完全取决于你为什么要结束这段感情。要想分手后别人不报复你，那就要记住你不要伤害这个人的尊严。要当面和人家说分手。还没有说分手之前不要告诉所有的朋友你要和他分手了，也不要对他说“这不是你的错，这是我的错”，不要向他建议你们可以做朋友，因为这是在往他的伤口上撒盐。

弄清楚你为什么想分手

不管你喜不喜欢，“为什么”这个问题都会浮出水面的，所以最好事先就知道这个问题的答案，但诚实不一定总是最好的对策：你已经和他分手了，没有必要再落井下石了。

什么时候说分手

你的生日、他的生日、情人节、圣诞节、你们俩一起出国旅行的第一天，这些都不是与他说分手的好时机。同样的道理，在他请你吃了一顿丰盛的晚餐之后，或者在他刚刚把你介绍给他的家人之后，也不是说分手的时候。如果这样做，你会在很长时间之后都感到内疚，甚至连朋友都不会同情你的遭遇。和别人分手完全是一个时间选择的问题。说分手的最佳时机是约会之前，而不是饱餐之后，此时他已经在你身上又花了一大笔钱了。

在什么地方说分手

别犯傻，公共场所不会阻止一个男人大发雷霆、放声大哭，或者用叉子攻击你。这是因为那时他不会关注别人会怎样想，他只会关注你刚刚和他分手了。为了他的尊严（也为了你的尊严），最好在他住的地方和他说分手，这样不管是大声吵吵还是苦苦哀求，都只有你们两个人知道。

说什么

和别人说分手的时候，无声总会胜于有声，因为不管你说什么，都会有后续的谈话；这就是说不要给他留下任何让他以后用来攻击你的弹药。喋喋不休，前言不搭后语地说“我们分开一段时间看看吧”，然后咕咕哝哝地说你们俩不太合适，那你们就会一直谈论下去，一个晚上、一个星期，甚至一年。

给他一个反应的机会

理想的分手是这样的：一个说要分手，另一个高傲地紧闭着双唇，互相握握手，然后头也不回地就走了。然而现实是：分手的过程不可能是一帆风顺的。首先，你要允许他有一个反应的时间，也许是大发雷霆，也许是指责，甚至会很粗鲁无礼（尽管你不一定要站在那里听他说完）。其次，你会感到很内疚，即使分手是他罪有应得，即使你知道自己是对的。最后，你可能也会大哭失声。谁说抛弃别人比被别人抛弃要容易，谁就是在撒谎。

爱错了人，不是爱情错了

要熬过一段感情破裂的日子，主要取决于你们是怎样破裂的，又是为什么破裂的。和仅仅是因为连续5个月忘了给彼此打电话，然后有一天醒来时突然意识到你们的感情完了相比，由下面这些原因造成的感情分裂需要更多的治疗帮助：因为一个更年轻貌美的女孩儿、因为你最好的朋友、因为一篇文章，或者因为一个电视节目。这样的日子有多久主要取决于你要从什么当中恢复过来。怀念总是他洗碗这样的事，要比想念一个你深爱着的人要容易解决得多。

当然，有的问题在于，断绝往来、被拒绝、被抛弃——不管你怎样叫它，都会使很多痛苦的感情浮出水面。首先，这实实在在地伤害了你。其次，这种震惊经常会导致强烈的尊严丧失感。想一想那些歇斯底里的哭泣、号啕和哀求：“求求你，不要离开我！”然而，只要你自己爬起来，坚定地踏上恢复之路，这种歇斯底里就不会持续很久。

召集你的后援团

在你的生命中，这些人会在你遇到困难时给你以最强有力的支持。他们通常是你最好的朋友、兄弟姐妹和妈妈，这些人都不会只想着强行干预你的生活，他们会擦掉你的眼泪，告诉你说他是个笨蛋，听你一遍又一遍地重复你们感情破裂的故事。然后，三天之后，你就要将感情破裂的事摆到最不显著的位置，这样做不但是因为这能维护你的名声，更是避免每次再想起被抛弃的事，你就会再一次感受到事情发生时的痛苦。

寻找一些排遣的方法

在失恋时，这样做非常有用，因为这使你的大脑专注于其他一些追求，而不会总想着给他打电话，总想着求他回到你身边。最有效的排遣方法就是体育锻炼。体育锻炼不但能使你的大脑暂时只注意到身体上的劳累，将其他任何事都抛诸脑后，而且还会使你拥有健康优美的身姿，让他后悔离开你。糟糕的排遣方法包括使劲地吃东西（身上堆积许多赘肉对自尊心不会有任何好处）、借酒浇愁、在家看你们在一起时看过的电影。

开始崭新的生活

在修复一颗破碎之心的时候，改变一下自己的生活会有良好的效果。但这并不是要你把头发剪掉（这根本不会让你感觉好起来）。这是让你从长远的角度审视一下你的生活，优先考虑一下自己。

该生气时就生气

你气得发疯发狂都没事：他抛弃了你，让你感觉自己没有人要了，因此，你对他怒不可遏是正常的。不正常的是，你假装他很快就会回到你的身边、骗自己说自己很好、向他建议你们应该做好朋友。所以要按专家说的去做：承认你的怒火，忘掉他。

学会放下，才有新的开始

和一个又一个男人约会相处都没有结果，而自己的朋友一个接着一个都嫁给了理想的男人，这些怎能让人不怨恨呢？如果发现怨恨的种子正在你的生命中萌芽，就要立即采取行动，不要让怨恨毒害你的生活。

放弃所有报复前男友的想法

与普遍观点相反的是，心碎的最佳疗法不是报复。所以不要把他的照片发到网站上，不要把他的衣服剪得粉碎，不要给他的妈妈打电话列举他所有不良习惯。尽管这样做会让你得到暂时的满足和解恨的快乐，但是从长远来说，这仍然会让你觉得空虚和失落。因为以怨报怨、以痛报痛，根本就不会减轻你的痛苦。

避免被嫉妒吞噬

不要因为别人没有像你一样承受痛苦就对他们心存怨恨。如果看到别人所拥有的东西就禁不住嫉妒，那么请记住：他们相爱，他们生活得非常幸福，这都不是为了惹你生气，事情本来就会是这样的。此外，他们找到了自己的幸福，并不能说明他们就抢走了你的幸福。你的幸福正在向你走来。

不要沉湎于自己的痛苦

和自怜、愤世嫉俗、整日穿着睡衣一样，痛苦也会让人上瘾。尽管很想让自己沉湎于痛苦之中，但不管发生什么事，也要抵制自己的这种冲动，不要将痛苦变成一种别人都不能理解的“特别”的东西。不停地告诉自己，就你一个人这样痛苦，其他任何人都没有受过你这样的痛苦，你会真的觉得就自己一个人这样痛苦，你就会独自痛苦。

生活并不公平

是的，你被抛弃了，这不公平。并不是仅仅因为你是一个好人，谁的钱都不欠，你就应该有一个英俊的男朋友，也不意味着你就应该富有，不意味着你应该得到世界上最好的工作。认为自己是个好人就应该过着幸福的生活，那么现实只会让你失望。你也许是世界上最善良的人，但是你仍然很可能要为生活而努力奋斗。

避免吞下怨恨的苦果

最后，当你再怎么努力都无济于事的时候，怨恨就成了控制你的唯一感情，记住：怨恨不会对你的容颜有任何好处。想一想瘦得细脚伶仃、双眼残酷无情，这样基本上没有男人敢接近你，因为害怕被你的尖酸刻薄所伤害。这是让人感到很不舒服的状态，所以要避免吞下怨恨的苦果。

享受单身的快乐，也不抗拒爱情的来临

你也许在想，你不需要这样的建议，毕竟，你不会选择单身，不想单身，更不会梦想做一个单身贵族。事实上这里是讲述怎样快乐地过单身生活，而不是说，因为单身，所以快乐。当然，有时候，单身生活会让人真真切切地感受到什么是空虚和抑郁。例如，当你感到自己的另一半决不会出现全都是自己的错，因为午餐你只吃两块巧克力和一包土豆条，把自己弄得面容憔悴。快乐地过单身生活，是要你学习一个人的时候怎样过得开心。这是每个人都要学习的，不管是正在恋爱之中，还是孑然一身。记住：如果你一个人的时候不会快乐地生活，那你永远都要依靠别人才能快乐，这可不是健康爱情的良好处方。下面教你怎样舒适地过单身生活：

我有什么问题

你还是单身，所以你一定有问题，对不对？完全错误，没有男朋友并不意味着你很丑、很胖、毫无吸引力。如果总是这样想，你不但会继续单身（毕竟，自己都不喜欢自己，谁会喜欢你呢），而且大多数时间都会感到很痛苦。当然，有人问你“你为什么还是一个人”的时候，并不容易回答。但是这个问题的答案

至少不应是消极的“还没有人约我出去”，而是“我还没有找到我愿意和他一起生活的人呢”。

所有的好男人都被抢走了

你也许会认为：所有的男人都不忠诚、都是骗子、都不能让人委托终身。尽管有时候把男人这样归类挺有趣，但是，如果你总是呆坐着，一棍子打死了所有的男人，等真的有好男人来到你身边，盯着你看的时候，你就不会注意到，就会错过这个人。

找到自己想要的生活

与那些把所有的时间都花去寻找男朋友的女性相比，过得快乐而充实的女性更容易找到她们理想的伴侣。要学会培养一种你想要的生活，不但要找到约会以外的兴趣，而且需要交一些不单单只会整天抱怨自己是单身的朋友。

学会爱男人以外的其他东西

这不但是找到人生目标的好办法，而且还会让你明白，不管是单身还是与人相爱，你都可以过精彩而充实的生活。

最终成全我们的，只能是爱

达到现在这种双宿双飞的状态，你已经等了好几个月了，甚至好多年了。这正是热恋期，周日早上两个人躺在床上看报纸，午后一起在公园散步，深夜两个人说说悄悄话。这也是两个人最痴迷于彼此的时候，但是有一天“完美”先生不再那么“完美”了，什么可以挽救你们呢？下面这些就可以：

保持一定的距离

尽管很想做一对缠绵鸳鸯，但是每天晚上都黏在一起，吃吃美味，看看电影，最能迅速地扼杀你们之间的爱情。你们喜欢彼此是因为你们两个人在一起的时间很特别，但是如果每天24小时中有7个小时都形影不离，那就不特别了。记住你是谁，有时也要暂时离开他的身边。

收敛自己贪恋的一面

需要某个人没有错，贪恋和某个人在一起也没有错，但是总是要别人向你保证会对你好，就不对了。这对和你在一起的人来说很无聊，又会使你在感情上太过依赖别人。从来没有人告诉过你的事实是，尽管相爱有其精彩的一面，但是它也充满了恐惧和痛苦的时刻。幸运的是，这种贪恋阶段很快就会过去，随着时间的推移，你会习惯这种相爱的状态，到那时好的一面就会战胜不好的一面。

想要得到的不要太多，也不要太急切

放慢速度。如果你们已经为婚礼做好了规划，给孩子起好了名字，那你就需要深深地吸一口气，想一想你们在一起多长时间了。想要得到更多是无可厚非的，但是想要得到更多，又很迫不及待，那就不好了。

不要试图去改变他

现在你已经摘下了有色眼镜，能够客观地看待他，能够看到他的缺点了，但是不要试图去改变他。让他换工作，改变发型，换一种新的着装风格，没有什么比这更令人感到不舒服了。记住：你爱上他是因为他原来的样子，为什么现在要努力去改变他呢？

不要总是形影不离

在遇到另一半之前你过的那种自己热爱的生活现在到哪里去了？你的朋友、兴趣、事业都在哪儿？你为什么觉得这些都不再重要了呢？为了某个人而放弃自己的生活，总是贪恋和对方在一起，那你注定总是生活在恐惧之中，因为除了他，你基本上什么都没有。这就是为什么很多研究都显示，总是待在一起的情侣，心不一定总是在一起。

为爱情耕耘

需要付出努力才能使你们之间的爱情保持正常，这并不能显示你们之间的爱情有问题，这只是说明你们没有把对方看成理所当然的人。不管在一起多久了，做一些令他高兴的事总是会对你们有益的。与此同时，要让他知道，他做的什么样的事让你觉得很开心，这样他就会做得更多，而且还会对你心存感激。

第七章

做自己的女神

让时尚为你加分，而不是遮盖你的光芒

对时尚的追逐、对自然的崇尚，是年轻女性的永恒话题，而漂亮、随意、充满青春活力也应是喜好自由生活、重视自我感受的年轻女性的专利。

女人追求时尚是大方向和大趋势。但有些商家看准了女人追赶时尚的劲头，为了赚钱，不惜损害女性的健康。他们通过电视、报刊、网络等媒体对时尚大加渲染，卖减肥药的宣传苗条是时尚，卖染发剂的宣传染头发是时尚，做美容的宣传长睫毛、双眼皮是时尚，等等。总之，生活中不乏这样的现象：商家赚足了钱，而追求时尚的女人则不仅花光了钱，还弄坏了身体。

当然，女人爱美没有错，追求时尚也没有错。只是在追求时尚时，一定要采取正确的方式和把握适度的原则。

多运动

“性感”在今天已经成为时尚的代名词。一个时尚的女人可以没有美丽的容貌，可以没有丰厚的薪水，更可以没有这样或那样名牌香水。但是，时尚的女人必须是个性感的女人。

运动可以使女人变得性感，那么追求时尚的女人就无法拒绝运动。不要说那些驰骋赛场的体坛名将，就是体育馆、健身房中挥汗如雨的女人，哪个不让人另眼相看？她们在坚持不懈的运动中，散发出了对健康的渴求。健康是性感的前提，越是健康的女人距离她们心目中的性感形象就越近。

虽然运动不是追求时尚的灵丹妙药，但是运动的确可以拉近女人与时尚间的距离。在人们感叹女人为体育运动痴迷所展现出来的激情时，体育运动正高举时尚大旗，引领着更多追求时尚的女人，在性感的大路上飞奔。

注重时尚的和谐

1.时尚与性格的和谐。每个女人都有自己独特的个性，在追求时尚时也应根据自己的性格选择时尚，追求时尚与性格的和谐。模仿不是美，时髦也不一定是美，只有当内在性格与时尚追求和谐一致时，女人的美才能得到最充分的体现。

当时尚成为女人的一种“强加物”时，它就会破坏女性的美。如旗袍给人以文静优雅的感觉，“假小子”一样的姑娘就不宜穿着。所以，女性追求时尚时要注意服装款式、色泽、质地都应与自己的个性吻合，不可一味模仿。

2.时尚与年龄的和谐。时尚具有很强的年龄特征，不同年龄的女性追求不同的时尚，已经成为普遍的生活现象和文化现象。所以，女性要根据自己的年龄特征选择恰当的时尚服装。处于青春妙龄的女孩儿，身材优美，体态轻盈，全身洋溢着青春活力和勃勃生机。她们只需穿上活泼明快、宽松利落的时尚运动装或简便装，就可以把少女的天然美、韵律美自然含蓄或淋漓尽致地表现出来。青年女性应穿着以明朗色彩为主体的时尚服装，这类服装跳跃性强，视野空间较广，且装饰性线条较多，可给人以热情、振奋的感觉。中年女性则应穿着柔和性色彩的时尚服装，这类服装色彩给人的心理反射不太强烈，流动美感属中等水平，装饰性线条不太多，显得安定而宁静，给人以沉静、典雅之感。

3.时尚与环境的和谐。女性在追求时尚、强调着装个性化的同时，还必须重视环境的因素，即在选择时尚服饰时，应与一定场合的气氛相协调。如在办公室里不宜着过分时髦的时装，职业女性也不能什么颜色的头发流行就染什么颜色。如果在比较严肃的环境里工作，刚好社会上流行红色，你头顶耀眼的红发去上班，肯定会引来异样的目光。

因此，女性在追求时尚时要考虑与场合、氛围相统一，与生活环境相适应。

4.时尚与职业的和谐。职业不同，在社会上扮演的角色就不同。因而，女性在追求时尚时要注意与自己的职业相协调。例如女教师为人师表，就要为学生做好榜样，因此穿戴不要太前卫，以免造成不良影响，损坏自己的形象。

在追求时尚时，注意结合职业特点来着装，可以显示出女性的工作能力和气质风度。

切忌重金追时尚

大多数女性追赶时尚主要出于以下三种心理：一是好奇心；二是希望出人头地；三是不愿落在人后。

因此，为了追求时尚，她们甚至不惜重金，弄得自己看起来光彩照人，口袋里的钱却越来越少，感觉也越来越糟。

其实，今日的时尚，大多为商业行为所制造。为了使自己的产品成为受大众青睐的商品，商家不约而同地将经营策略放到了在成本不变的前提下如何最大限度提升产品价格上。于是，一系列时尚制造行动频频出现在世人的面前。在电视屏幕、报纸杂志和网络的引导下，人们不可避免地会将这些商业运作的结果和时尚画等号。于是，时尚也开始变得铜臭味十足起来：一张普通的木床，价格可以高到能买下一片树林；一件花花绿绿的衣服能花去一个女人一个月的生活费；一个吊挂在脖、腕上的小饰物足以使几个失学儿童的三年学费得到全额支付……对待如此这般的所谓时尚，女性不应不识，更不能不防。

得体的仪表是你的体面

你有没有注意过，有些人大大方方地走进二手商店，出来的时候，看起来好像是刚刚在T型台上遛了一圈；还有些人呢，虽然买的衣服很便宜，却将这些衣服搭配得新颖别致，好像专门请设计师设计过似的。如果这不是你也不要紧，因为不止你一个人做不到这些。我们中的大多数人，都穿得很大众化，牛仔裤、T恤、运动鞋。我们觉得自己这样挺好看。想改变形象可以先改变穿戴，而且改变穿戴的规则很简单。下面教你怎样做：

寻找一种新形象

翻阅一些时尚杂志，把所有迎合你爱好的衣服都挑出来。选择那些反映全貌的图片，还有各类牛仔裤、T恤、连衣裙和装饰品。不要老想着这些衣服都被模特穿过了，而要集中想一想，这些衣服都是怎样搭配在一起的。你要寻找一种可以仿效的风格，或者创造一种自己的风格。

试穿

不要害怕试验。衣服挂在架子上和穿在身上，效果是不一样的。那些你确定不适合你的颜色，有时候穿在身上，要比预想的效果好得多。不要害怕拿一堆衣服进更衣室。要确保全身上下都能在镜子中看到，而且要把整套衣服鞋子全都搭配好。尽管穿衣服没有什么必须遵守的规则，但还是要注意，穿低腰裤的时候，要是腹部或者后腰上有肉往外鼓，那就不好看了。同样，衬衫的纽扣张开着也不迷人。

找到完全适合的尺寸

同样道理，不要做某一个尺寸连衣裙的奴隶。当你坚信自己要穿小一点儿的连衣裙（或者想要小一号的），却要试穿大一号的一件的时候，你会感到很沮丧。尽管如此，你还是要记住，大一点儿的连衣裙会更合适，这让你看起来更修长、更苗条。试穿衬衫的时候，用双臂环抱自己的身体，看看穿着是否舒服。然后把双臂举起来，如果衬衫往上拉了2.5厘米，那就选大一号的。短裙就应该恰当地围着腹部和臀部，不能太紧。裤子不能把胯部和臀部裹得太紧。同时，也要避免太宽松肥大的衣服。宽松的衣服不会遮住身体凹凸有致的曲线，相反，它能突出你的尺寸。

好形象从“头”出发

头发很丑陋的时候就和那些照照镜子就想再回到床上的时候是一样的。在头发很丑陋的时候，你的头发会给你明确的提示：基本上，今天不管做什么都不会有好心情。不管是因为一些头发根露出来了，出现了几缕花白的头发，还是因为发型一点儿风格都没有，你都感到不开心。

当头发看起来很丑陋的时候，你会感觉自己也很丑陋。这是一种相对来说非常正常的现象，而且和我们的自我观念有很大的关系。我们大多数人照镜子时都会集中注意头和脖子这块区域，如果头发（直面现实吧，这是脸部四周最大的集合体）看起来很奇怪，很自然地就会设想你的整个脸看起来也很奇怪。尽管解决的办法是收拾头发，但值得注意的一点是，良好的心情确实能帮助头发保持健康良好的状态。

头发用品使用过量

如果你经常在头发上使用发胶、摩丝、喷雾和定型胶，那就要注意了，在这种情况下，经常洗头也没有用（即使是每天洗一次）。要去掉头发里聚集的这些产品，你需要用好的洗发水彻底地洗一次头。你所需要的全部产品就是一瓶上好的洗发水。

用冷风吹头发

将冷风对准发根吹头发能使头发有韧性。要使纤细稀疏的头发有韧性，可以考虑染色，这能使头发表皮变得丰满起来，从而改善头发的状况。

正确地吹干头发

不要花很长的时间去洗头发，然后以每小时100千米的风速把头发吹干。否则不但会使你的头变成一个卷毛球，而且还会使头发干枯。要更有效地吹干头发，就要在吹头发之前先等待一会儿，等到头发有八成干的时候再去吹头发就会少受一些伤害。

咨询理发师

就像给车弄个验车证一样，经常让专家看看你的头发也非常关键。头发很糟糕通常就是显示你的头发需要剪了，或者需要“看”理发师了。一个敬业的理发师不但会就你应该使用的头发用品给出建议，而且还会明确地指出你的头发是什么状况，需要做些什么保养。

妆容得体，女人更自信

使用化妆品的时候，越少就意味着越好。就像下面这句话所说的：化妆品的总量上要少一些，要多花一些时间合理地使用这些化妆品。化妆的目的不是要达到美容手术那样的效果，让你的脸变得连你的妈妈都认不出来，而是要使你的皮肤色调均匀，将容貌中最靓丽的部分突现出来。这就是说没有一个人需要成为时尚化妆品的奴隶。如果你一直梦想着学会如何使用化妆品，下面是一些你必须遵守的法则：

粉底

使用粉底时不能犯最基本的错误：在手上试粉底的效果。要知道一种颜色是否适合你，一定要在下巴或者脸上测试。涂上粉底后在自然光下面看看是什么效果，适合你皮肤的化妆品的颜色应该是那种会在你皮肤上消失的颜色。

遮瑕膏

这是女孩子最好的化妆品，但只有使用恰当才有这样的效果。与大众流行观点相反的是：遮瑕膏应该在粉底之后使用，这样遮瑕膏就不会被抹掉。并且，即使是使用较浅颜色的遮瑕膏，这种颜色也应该与你的整体容貌相互协调。如果想遮住黑眼圈，以黄色为基调的遮瑕膏最为合适。

涂粉

涂粉不是为了掩饰脸上的不足，而是固定粉底，吸收多余的皮肤油脂。一定要用涂粉专用的刷子涂粉，但不要涂得过多，否则你看起来会“太粉了”。

睫毛和眉毛

你的眉毛可以与眼睛相得益彰，以突出眼睛的魅力，也可以像大毛虫那样趴在脸上，这都是你的选择。但是，如果你决定要驯服它们，选择专业帮助会大有裨益。如果不想寻求专业帮助，那就用镊子把眉毛下面凌乱的细毛拔掉，然后用凡士林把剩下的眉毛顺平。专业美化睫毛的时候，在使用睫毛油之前要先卷睫毛，这样会让睫毛看起来更丰满，然后在上面的睫毛上涂上颜色，要从睫毛根往外涂，下面的睫毛就不用涂了（这样看起来更自然）。

眼影

眼影使用错误是常见的现象，因为人们总是忘记，使用眼影的目的是使眼睛更好看，而不是让别人去看你的眼影。提示一：眼影的颜色要与其他化妆品的颜色属于同一色系。提示二：要使眼睛看起来更大，就使用浅颜色的眼影。但是，如果你的眼睛已经够大了，那就应该使用柔和的颜色。首先在眼睛周围撒上粉底霜涂上粉，这样能阻止使用眼影时必然会引起的皱纹。

嘴唇

丰满性感的嘴唇是女人的一大杀手锏，所以知道怎样充分利用嘴唇会对你大有裨益。首先是要使嘴唇圆润丰满。打底的一层光亮的物质可以避免嘴唇过干，特别是当你选择淡色时（没有光泽）。选择颜色时不要受时尚影响，暗颜色会使嘴唇看起来变薄。

美胸让你丰满自信

胸罩有不同的形状、尺寸、罩杯，这是有原因的。我们胸部天生就有不同形状，仅仅凭观察就能精确地知道你的胸部尺寸，或者什么样的胸罩最适合你，这是不可能的。有关数据显示，75%的妇女穿的胸罩尺寸都不对。要选对胸罩，那就把胸罩想象成衣服的支撑结构。如果你的胸罩松松垮垮，或者绑得太紧，那你就是在让你的衣服耷拉着，看起来会皱皱巴巴的。下面教你怎样选择最合适的胸罩：

测量尺寸

用卷尺测量乳房下面的尺寸，尺子要不松不紧（尺子稍微能够活动，但是不要太紧，太紧了读尺寸的时候就会呼吸困难）。在测得的数字上加上13厘米，这就是带子的尺寸，包括带子围绕后背的部分。现在，要对乳房最丰满的地方进行测量，这要比前面测的更宽松一些。超过带子尺寸的部分，每2.5厘米就要增加一级罩杯（超过2.5厘米，就是A罩杯；超过7.5厘米，就是C罩杯，依此类推）。

多试穿一些胸罩

这是关键，因为没有两件胸罩是一模一样的，即使它们的尺寸都是一样，此外，还有半罩杯胸罩（适合乳房两侧比较丰满的女性）、满罩杯的胸罩（适合乳房前面比较丰满的女性），和低胸罩杯（适合乳房侧面和前面一样丰满的女性）。有的胸罩将乳房全部塞进罩杯里，使乳房高高耸起。有的胸罩将乳房往两边压，尽量使乳房看起来更小。还有一种魔术胸罩，即使你胸部平平，这种胸罩也会使你的胸部看起来丰满迷人。

测试胸罩

一件合适的胸罩穿在身上应该是平平整整的（胸罩的中间应该正好贴着身体）。胸罩带子紧紧地贴着肩膀和后背，但是不能松弛或者紧紧地刻进去。罩杯的前面、后面和两边都不应该有凸出的部分。记住：合适的胸罩不会阻止空气流通，带子不会勒住肩膀，也不会刺痛乳房的两侧。乳房下面的带子要非常紧，即使胸罩的带子滑落了，胸罩还能紧紧地托住你的乳房。如果胸罩的中间和罩杯没有紧紧地托住乳房，那就减小一罩杯。如果乳房往外挤，那就加大一个罩杯。如果罩杯在前面鼓起来，或者当你往下看的时候，有褶皱，那就要减小一罩杯。

让高跟鞋为你增色

高跟鞋——女人最好的朋友。高跟鞋让你的腿看起来更修长、更性感、帮你以完美身姿款步进入各种场合，甚至能让满屋子里其他的女人都嫉妒你。此外，高跟鞋还能增强小腿和大腿的肌肉力量，改善腿部血液循环。然而，要穿着高跟鞋走路而不至于踉跄，那么腹部肌肉就必须有力，以支撑身体前部，后腰肌肉也要有力，以支撑身体后部。

如果你能够光着脚站得笔直，那你就能学会穿着高跟鞋走路。

增强腹部力量

如果穿了一晚上的高跟鞋你就感到好像有人在背后踢了你一脚，问题就在于你的腹部肌肉很少，或者根本没有腹部肌肉。这就意味着你后背下面的肌肉不但要支撑身体后面，而且还要支撑身体前面。穿高跟鞋会让你感到有些不平衡（脚后跟的角度将盆骨往前推），这让你的后背压力越来越大。解决办法：你需要增强腹部肌肉的力量。

记住：脚后跟不应该感到疼痛

如果穿高跟鞋走路让你感到好像有大头针在刺脚前掌，没关系，并非只有你一个人有这样的感觉。脚是人体天然的减震器，将身体全部的重量从整个脚掌移到前脚掌，肯定会让人感到疼痛。要解除这种疼痛，首先把鞋子脱下，按摩前脚掌，然后坐下来（最好是把腿抬高）休息10分钟，让血液循环回脚部。最后，起身站直，双脚分开与臀部同宽，想象有一根绳子从头的中间将你往上拉。

自信地走路

现在你能穿着高跟鞋站得很好了，剩下的事就是要学会走路的时候充满自信。这需要练习，因此，当你要去某一种正式场合，而且想给别人留下深刻印象的时候，诀窍就是提前两个星期就开始穿高跟鞋。做家务时都穿着，以适应穿高跟鞋时怎样站立，怎样坐，怎样弯腰，怎样移动。这听起来有些太过兴师动众了，但是这很管用。下一步就是观看职业人士是怎样做的。模特们穿高跟鞋很优雅大方是因为她们很自信，微微地摆动臀部，以增加腿部的力量。如果大摇大摆地走进一间屋子不是你会做的事，那一定要自信地走进去（练习时放一本书在头上）。这就是说走路时不要晃荡，而且还把臀部突出来，也不要很有力地一步一跺地走路，因为那一点儿都不性感，还不如穿平底鞋好看。

面容修饰，铸出亮丽容颜

关于醉酒最奇怪的事就是，第二天早晨醒来之后，怎样都想不起来前一天晚上发生了什么事，直到有一天晚上又去喝酒你才知道发生过的事。如果你从来都不会因为醉酒导致第二天早上起来时脸上的皮肤松弛，那也应该知道那时脸色绝对不好看。过度饮酒会伤害你的容貌，这主要是由脱水引起的。脱水就是皮肤上的水分（还有血液供给）离开皮肤，流向了体内更关键的器官。睡得不好（醉酒意味着睡眠效果更差），又多吃了一些多油脂的食物，或者你打算吃很多油脂的食物，所有这些因素加起来，第二天早上醒来时，你肯定感觉很糟糕。尽管理想的解决办法是不喝酒，稍微好一点儿的办法是适量喝酒，而现实是你最好知道怎样修复因宿酒而松弛的脸。

多喝水

这一技巧总是很奏效。饮酒狂欢时体内丢失的最主要物质是水分，所以一到家就补充水分会对身体大有裨益。睡觉前喝半升水，第二天早晨起来时会感觉稍微舒服一些。

按摩脸部

按摩脸部不但能使血液回到脸上，从而使你看起来更健康，而且可以缓解肌肤因为脱水而引起的紧绷感。用食指按摩脸部10分钟，从下巴开始，慢慢移到眼睛，再移到太阳穴。下一步是在鼻子两侧与眼窝相交的两点用手按压旋转，然后顺着眉毛和额头按摩。

轻轻涂上一层增湿霜

你的肌肤渴望得到水分，所以每天早上，要在脸上多涂抹一些增湿霜，在嘴唇上涂上润唇油。好的面霜能帮助肌肤吸收水分，并且能帮助保持水分。

照顾好眼睛

治疗眼睛疼痛的一个好用的技巧就是，先把眼霜放到冰箱里冰一冰，这样在擦眼霜的时候，眼睛就会感到很凉爽。第二天早上用冰茶叶袋或者黄瓜片敷在眼睛上，这样能去除眼睛浮肿。如果眼睛干涩，看不清楚，那就用些滴眼液，这样能给眼睛补充水分，使眼睛清新明亮。

不要使用过多的化妆品

尽管你很想通过化妆来掩盖宿醉后松弛的面容，但是值得注意的是，这时血液已经从脸部流走。化妆可能会使脸色暗淡，所以最好的选择是尽量少用化妆品，轻施淡粉，抹一点儿唇彩，再配上黑色的眼镜。

使口气清新

酒精还会使唾液变得黏稠，从而容易使你的口气难闻。最好的办法是嚼无糖口香糖，这能激活口中的唾液。嚼姜糖能收到同样的效果，而且还能防止第二天早上起来伴随的恶心现象。

手臂修长更凸显身材

如果胳膊停止运动之后，你胳膊上的肉还在摇摆颤动；如果你害怕夏天的到来，是因为要穿短袖上衣，那你读这一节是读对了。如果坚持锻炼，但是不改变饮食，你的胳膊就会变得越来越粗，越来越壮。

举重物是去除胳膊赘肉的理想方法。这是因为，胳膊上的二头肌和三头肌需要锻炼才能够有力量。加强肌肉纤维的负荷可以使胳膊变瘦、变得有力。这样你的胳膊看起来会更瘦，因为肌肉要比脂肪少占1/3的空间。

拳击练习

连续30秒钟不停地对着空气打拳击。前10秒钟你会感到自己好像什么也没做，然后肌肉就开始感到疲劳。两只手都要做，在做完下面的一系列锻炼之后再重复整套动作。

侧身举重

这能帮助增强双肩和背阔肌（双腋下面的肌肉）的力量，并且完美它们的形状。直立，双脚与臀同宽，双肩自然下垂（想象两个肩胛骨自然往后背下垂），收腹。现在，双手拿好重物（2千克），双肘微微弯曲，将重物向身体两旁举起，直到与双肩同平，双掌向下。保持1秒钟然后重复再做。每套做15次，共做3套。

窄距俯卧撑

俯卧撑是迅速增强胸部和双臂肌肉力量的最佳锻炼方法。面朝下趴下，双手撑在双肩之下。腹部收紧，身体保持笔直（如果从来没有做过俯卧撑，可以双膝着地），双臂弯曲成90度，然后起身，再开始做。技巧就是双臂支撑身体的重量，腹部肌肉的力量支撑后背的重量。每套重复做12次，共做3套。

倾斜三头肌

三头肌是胳膊下面很少使用的肌肉，所以对它进行锻炼对你非常有好处。坐到一把稳当的椅子边缘，双手放于臀部两边，握紧椅子的边缘。双腿弯曲90度与臀部同宽。臀部往前慢慢移动，离开椅子的边缘，然后双臂弯曲，臀部往地板方向下降，再将双臂伸直，回位。每套做10～15次，共做3套。要使这个锻炼更富于挑战，可以伸直双腿（双腿移动离开身体）。

卷曲二头肌

要使上臂肌肉性感，可以先站直了，双脚与臀同宽，挺胸收腹，双手各拿一样重物（3千克），双臂伸直，双手朝下。然后，双肘弯曲，将重物送往肩膀处（上身保持不动）。保持1秒钟，再慢慢把重物放下（要做完全部过程，这样不至于缩短肌肉）。每套做10～15次，共做3套。

快速消除小肚腩

厌倦了总是吸着肚子的日子了吗？受够了总是看到自己的肚子悬在半腰中的日子了吗？不管你信不信，要想拥有扁平的腹部并不难。大多数人腹部不均匀、不平坦主要是以下五个因素相结合的结果：不健康的饮食，错误的姿势，身体有过多的脂肪和错误的腹部运动。这就是说，如果你一直每天都做100个仰卧起坐，吃油炸食品，再用碳酸饮料把油炸食品冲下肚子，那么你的腹部更会凸出来，不用说扁平了。下面教你怎样改变这一切：

减肥

要是肚子上覆盖了一层脂肪，就绝对看不到像洗衣板一样扁平的腹部，这就是为什么你的首要目标是要保持饮食健康，每周要做4～5次有氧健身运动，每次至少20分钟，以达到消耗脂肪的目的。

自行车式的运动

躺在地板上，后背的下部压着地板，当头离开地面时将手放到头后面。现在将双腿拱起成45度角，开始骑自行车式的运动，左边的胳膊肘贴到右边的膝盖，右边的胳膊肘贴到左边的膝盖。每套重复10次，共做3套。

抬膝盖运动

坐到一把稳当的椅子边上，膝盖弯曲，双脚平放在地板上，双手扶稳椅子的两边。挺胸收腹，双脚离开地面几厘米。现在，稳稳地将两只膝盖往胸部靠近，上身往前倾，然后将双脚放回原来的位置，重复再做。每套重复10次，共做3套。

增强腰部力量

对那些不容易找到合适身体姿势的人来说，首先要做的就是增强深层姿势肌肉，就是身体上束腰的一圈。增强这些地方的肌肉可以创造中心稳定，从而使你看起来更高，使腹部看起来更平坦。试试下面的方法，每天3次，每次5分钟：

深深地吸一口气，将一只手放到肚脐上，呼气的时候要把胃和腹部往里收缩，想象肚脐被推到后脊骨的感觉。保持这个姿势，数 3 下，再重复。

饮食得当

要想迅速地得到扁平的腹部你需要减少脂肪和腹部肿胀。胃里有水和气，腹部看起来就不会是平的。如果你有胃肿胀，就要避免食用过多的淀粉类碳水化合物，选择食用一些瘦肉、蔬菜、水果和沙拉，避免吃加工过的食品。

爱护你的身体，就是关爱自己

如果你认为自己的身体不可能美丽，那你就需要增强自尊心了。要使身体更美丽就要忘记身上的瑕疵，不去担心身上的不足。问问任何一个男人，他都会说一个女人对自己的身体感到自信是最性感的。除了锻炼和节食之外，有很多方法都可以帮助你改善肌肤的美感。

粉碎脂肪团

这种东西有点儿像橘子皮，主要出现在大腿和臀部，85%的女性都受其影响。幸运的是我们可以粉碎它，而且不用像面霜那样要花很多钱，或者喝很多很多的水。降低血液中的脂肪水平是粉碎脂肪团的关键。多锻炼、多吃富含脂肪酸（EFAs）的食物（主要是多油的鱼类和坚果）。这些食物不但会控制脂肪进入人体的速度，而且研究显示，这些食物还能起到有效地抵抗脂肪团的作用。

足部美容

不要忘了你的双脚。性感的双脚能让你在裸体时显得更美丽，因此考虑做个脚部“美容”吧。尽管可以自己动手，去看足病医生对你还是会大有裨益的。因为医生可以迅速地帮你去除脚上的鸡眼和僵老的皮肤，这样你就有了很好的基础，自己再对双脚进行进一步的美容。在家中对双脚进行美容，你需要一块浮石，适量的适用于厚皮肤的面霜和一把指甲擦光器。修理指甲前一定要将双脚在水里泡上10分钟，这样指甲和脚上的皮都变成软的了。

关爱特殊时期的健康

经前综合征，全都在于思想状态吗？不太可能！成千上万的妇女每个月都要饱受经前综合征带来的痛苦。除了会出现乳房胀痛，情绪不稳定，体重增加和头疼之外，研究显示，有40%的感情破裂主要因素就是经前综合征。没有人确切地知道经前综合征的原因，一个可能的原因就是人体对黄体荷尔蒙感觉失常。在妇女排卵之后，黄体荷尔蒙会上升，经常会导致大脑中复合胺（使人体感到幸福的化学元素）的含量下降。如果你有上面提到的所有的症状，甚至更多，你也许已经知道，帮助克服经前综合征的方法通常都是短期的，所以下面告诉你一些最应该做的事情，以使自己的感觉迅速地好起来：

不要给自己造就困难时期

经前综合征不会使你变成妄想狂，但是会使一些根深蒂固的忧虑浮出水面，而平常的时候，你将这些忧虑放在了一旁，置之不理。这就是说不要给自己造就感到忧郁和情绪低落的困难时期，相反，平时就要集中解决好这些问题。在这些问题让你感到脑袋沉重之前就把它们处理掉，这通常能很好地防止它们在经前综合征发作那一周影响你的情绪。

忘掉与经前综合征相关的体重增加现象

体重增加——有些妇女在经期来临之前体重会增加3公斤，甚至更多，但这大多都是停留在体内的水，在经期会自动丢失。如果你注意到自己这段时间非常能吃，这也是很正常的现象，因为在经期来临之前，每天要多耗费2000焦耳的热量。尽管这时很想全都用巧克力来补充这部分热量，但还是应该选择健康一点儿的食品，这仅仅是为了不让血糖含量下降，同时又满足了食欲。同样还要少吃多餐（每隔3～4个小时吃一次），以防自己想吃很多含糖的食物。